水热硫化—温水浮选法
——难选氧化铜矿处理新工艺

陈继斌 著

北　京

冶金工业出版社

2017

内 容 提 要

本书概述了铜及其资源，氧化铜矿的形成和特点，结合氧化铜的生成机理与处理方法；详细论述了处理难选氧化铜矿的新工艺、新方法：水热硫化—温水浮选法的技术思路、理论基础和试验研究成果。

本书适合从事湿法冶金、选矿和化工行业的工程技术人员阅读，也可作为高等院校及科研院所相关专业的参考用书。

图书在版编目 (CIP) 数据

水热硫化—温水浮选法：难选氧化铜矿处理新工艺／陈继斌著 . —北京：冶金工业出版社，2017. 11

ISBN 978-7-5024-7671-7

Ⅰ.①水⋯ Ⅱ.①陈⋯ Ⅲ.①氧化铜—浮游选矿—水热法 Ⅳ.①TD952. 1

中国版本图书馆 CIP 数据核字 (2017) 第 284365 号

出 版 人 谭学余
地 址 北京市东城区嵩祝院北巷 39 号 邮编 100009 电话 (010)64027926
网 址 www. cnmip. com. cn 电子信箱 yjcbs@ cnmip. com. cn
责任编辑 张熙莹 美术编辑 吕欣童 版式设计 孙跃红
责任校对 郑 娟 责任印制 牛晓波
ISBN 978-7-5024-7671-7
冶金工业出版社出版发行；各地新华书店经销；北京建宏印刷有限公司印刷
2017 年 11 月第 1 版，2017 年 11 月第 1 次印刷
148mm×210mm；4. 625 印张；134 千字；134 页
29. 00 元
冶金工业出版社 投稿电话 (010)64027932 投稿信箱 tougao@cnmip. com. cn
冶金工业出版社营销中心 电话 (010)64044283 传真 (010)64027893
冶金书店 地址 北京市东四西大街 46 号(100010) 电话 (010)65289081(兼传真)
冶金工业出版社天猫旗舰店 yjgycbs. tmall. com

(本书如有印装质量问题，本社营销中心负责退换)

作者于1979年11月在长沙召开的全国第二届选矿学术会上宣读"水热硫化—温水浮选法"处理汤丹难选氧化铜矿石的论文

作者在东川矿务局中心试验所工作时于1975年办公室内工作时留影

陈继斌，高级工程师。长期从事难选氧化铜矿的加工处理及高磷、高铁锰矿的提锰富集研究，参与了《铜的选矿》一书的编写工作，发表论文二十余篇。首创了难选氧化铜矿处理新工艺：水热硫化—温水浮选法及铜氨溶液喷雾蒸馏提铜，提出了设计矿浆粗细粒自分级浓密机的原理和方案，进行了还原焙烧—氨浸法除磷、脱铁富锰等试验研究，取得了多项创新成果。

前　言

对于氧化铜矿，很早以前就发展了火法还原熔炼及湿法溶浸提取的处理方法。随着矿石含铜品位的下降，直接火法还原熔炼受到限制，于是又发展出先选矿富集而后火法处理的工艺，但随着人们对易选铜矿石的持续开采，铜矿石品位的进一步降低，氧化铜矿石的选矿富集也越来越困难，于是又发展出各式各样的联合工艺。但这些联合工艺中，每增加一种处理工艺，都增加了工艺流程的复杂性，都引入了一些新的可变因素，甚至出现了一些负面影响，如对环境造成污染破坏或对提取设备产生严重腐蚀，以及造成铜回收率的降低、成本增高等问题。因此，难选氧化铜矿的处理，成为一个世界性的难题，国内外围绕这一难题都进行了广泛的试验研究，但较长时间以来未取得突破性进展，以致一些难选氧化铜矿迟迟不能大规模开发利用，东川汤丹低品位难选氧化铜矿就是其中典型的一例。

汤丹低品位难选氧化铜矿是我国一个早已探明储量的大型氧化铜矿床，为了寻求到科学有效与经济合理的加工处理方法，一直受到国家的高度重视，先后有国内外十多家科研、设计院所及大专院校投入这一试验研究的行列。然而由于所用方法基本上还是在原有技术的框架内，未能取得突破性进展，不是资源利用不够理想，就是经济效益达不到要求。东川矿务局中心试验所的科研人员，在长期的研究实践中深入总结前人经验的基础上，另辟蹊径，根据难选氧化铜矿石的性质特点，于 1974 年 4 月，提出了"水热硫化—温水浮选法"这一全新的处理工艺，很好地结合了加压湿法冶金过程的有效与浮选技术的简单等优点，集中解决了难选氧化铜矿多种难选因素造成的加工提取困难，使矿石中的氧化铜矿物及原生硫化铜矿物以固态形式在原来的赋存环境中与所加硫元素生成浮游活性极好的人造硫化铜矿物，对矿泥中微细的铜矿物，在实现物相转化的同时，还伴随着铜的硫化物晶粒的长大，达到了常规浮选所需的粒度要求。因此，该新工艺没有一般湿法冶金流程中具有的设备庞大、占地面积大、投入的操作人员多、投资费用很高的固液分离作业，也不像常规浮选作业中速度缓慢，使用的浮选药剂种类多、用量大、费用高等缺点，而且铜的浮选回收率比常规硫化浮选一般高出二十多个百分点，精矿铜品位高十多个百分点，更为重要的是该新工艺对环境没有污染，操作条件改善，对各种类型的难选氧化铜矿适应性极好，具有很好的推广应用前景。此新工艺的研发成功，开辟了难选氧化铜矿加工处理的新途径，必将把难选氧化物铜矿的加工处理推进到一个崭新的阶段。

为了系统地认识这一新工艺、新方法的理论依据及各单元中采取的技术措施以及操作中的注意事项，本书依据试验研究的进程，从理论与实践两方面进行了系统的总结和阐述，可供从事湿法冶金、选矿和化工行业的科研、技术人员，特别是从事难选氧化铜矿加工处理的技术人员借鉴和参考，也可作为有关专业的教学参考书。

这里需要特别感谢东川矿务局中心试验所各级党政领导的支持和帮助，也感谢各科室同事的热情支持和参与，没有他们付出的努力，水热硫化—温水浮选法这一新工艺、新方法要获得成功是不可能的。总之，成功与荣誉属于东川矿务局中心试验所，更属于我们伟大的祖国，因此，作者谨以此书献给我们伟大的祖国！

由于作者水平所限，书中不足之处，恳请读者批评指正。

作　者

2017 年 7 月

目　　录

1 绪 论

铜是人类最早使用的金属之一，约在一万年前，人类就开始利用自然铜作成针、珠、锥等物件。据考证，西亚地区是世界上最早掌握炼铜技术的地区，距今已有 9000 多年的历史[1]。我国也是世界上最早炼制和使用铜器的国家之一，早在公元前 3000 年左右，我国就成功炼制了青铜器件，甘肃马家窑古文化遗址发现的青铜小刀，就是这一时期的青铜器产品。我国在公元前 770 年左右，还成功掌握了竖炉炼铜技术，从湖北大冶铜绿山附近的古炼铜遗址已出土 8 座炼铜竖炉，炉子周边还堆放着大量炼铜炉渣和含铜金属的产物。同时，我国还是湿法提铜工艺——浸铜法的发源地。公元 1094 年由江西德兴市人张潜编写，由其子张甲整理出版的《浸铜要略》一书，是世界上第一部湿法提铜专著。明人危素还为该书作了一篇《浸铜要略序》，得以保存至今。因此，我国曾为铜的提取作出过杰出的贡献。遗憾的是，我国虽然是最早利用细菌冶金提铜的国家，但由于种种的历史原因，始终未能最早揭示这一提铜工艺的实质。在近代，我国也少有提铜工艺方面的重大发明与创新成果载入历史。因此，我们必须加倍努力，发扬我国的光荣传统，创造出符合时代发展的提铜新工艺、新方法。

1.1 铜的概述

铜具有许多优良的性能，在国民经济各部门及人们的日常生活中都获得了广泛的应用。直到 20 世纪 60 年代，我国铜产量一直占据着仅次于铁的重要地位，60 年代后才让位于资源更丰富、价格更便宜的铝而退居到第三位。

铜的电导率仅次于银，为银的 93%，而价格却比银低廉很多，因此，就世界范围而言，铜金属的半数以上用于电力和电信工业，如电缆、电线、电机与通信设备。铜的热导率也仅次于银，为银的

73%，因而工业上常用铜制造各种加热器、冷凝器等热交换设备。铜的延展性也很好，既可压延成非常薄的片材，也可拉制成很细的铜线与铜丝。铜也是机械制造及国防工业中重要的原材料。同时，铜还能与锌、锡、铅、镍、铍等金属形成重要的合金，广泛用于制造各种机械零部件、工具与无线电设备。目前已经制成上千种铜合金，满足着各种特殊用途的需要。而且，铜的一些化合物，还是生产农药、杀虫剂、颜料、染料、原电池、电镀、触媒等的重要原料。总之，铜的用途非常广泛。

我国自改革开放以来，随着国民经济的快速发展，对铜的需求量也迅速增加，从而大大促进了我国炼铜工业的发展。随着我国工业化、城镇化的不断推进与人民生活水平的进一步提高，对铜的需求量还将不断攀升。近年来，我国铜精矿进口量同比保持较大增长，一方面是由于国内铜冶炼产能、产量不断扩张；另一方面，国内铜矿产量与需求相比增速较为缓慢，且生产成本高于国外矿山，供应缺口叠加促使进口需求不断扩大。可以看出，我国炼铜原料如铜精矿的生产还是一个薄弱环节，这与我国铜资源的规模、分布状况及铜矿石的性质特点、加工技术水平等因素都是有关联的。

1.2 我国铜资源的特点及面临的困难

我国铜资源的特点是：

（1）大型铜矿少，中小型铜矿多。矿山铜资源储量小，开发的规模也不大。

（2）我国的铜资源中，贫矿多，富矿少，矿石含铜品位低，与国外同类型铜矿山的矿石铜品位差距较大。如我国绝大多数斑岩铜矿床的平均铜品位仅为 0.5%，而智利与秘鲁的同类型铜矿床的平均铜品位为 1%~2%。又如我国的砂页岩型铜矿床的平均铜品位为 0.5%~0.6%，而赞比亚、刚果与波兰的同类型铜矿床的平均铜品位为 2%~5%。我国 16 个大型铜矿的平均铜品位仅 0.67%，其中有我国储量上百万吨的汤丹氧化铜矿，平均铜品位仅为 0.6% 左右。江西德兴铜矿平均铜品位仅为 0.46%，而与德兴铜矿同类型的印度尼西亚 Grasberg 铜矿（均属斑岩型铜矿）平均铜品位为 1.25%，而

Grasberg 铜矿矿石中伴生的金含量品位却是德兴铜矿含金品位的 30 倍。

（3）在我国已探明储量的铜资源中，有相当部分是低品位的氧化铜矿，这种氧化铜矿石由于其中的铜矿物嵌布粒度细微，结构构造复杂，与脉石结合紧密，处理难度很大，致使有的铜资源长期未获大规模开发。

（4）我国铜资源比较分散，有相当数量的铜矿分布在边远的边疆民族地区，海拔高，交通不便，水、电缺乏，开采条件差，因而开发的投资大，建设的周期长。

另外，我国现有铜矿山大都建于 20 世纪 50~70 年代，经过几十年的生产开采，一些铜品位较高、易采易选的铜矿资源已日趋减少与枯竭，有的已经面临停采闭矿的境地，需要有新的铜资源接替，然而我国铜资源的后备储量显得严重不足，一些难选氧化铜矿石的处理还缺乏经济有效的手段，因此，我国铜资源的大规模开发还面临不少困难。

随着各国铜需求量的不断增长，铜矿石的开采量也在不断增加，一些易采、易选的铜矿石日渐减少与枯竭，开采的铜矿品位也在不断下降，如美国在 1900~1975 年间开采的铜矿石，含铜品位已由 4% 降至 0.55%。我国在 20 世纪 50 年代，开采的铜矿品位一般都在 3% 以上，到 60~70 年代，开采的铜品位已降至 1%，至 80 年代，开采的铜矿石品位已降低至 0.5%。为了适应这一变化形势，必须相应提高铜资源的储量，因而积极开展地质找矿工作，发现新的矿源就显得极其重要。如我国云南的地质工作者，在 20 世纪最后的十年间，通过积极的地质找矿，在滇西三江成矿带的景谷民乐，德钦羊拉及栗家坡等地，找到了上百万吨级的大型铜矿，预计可使云南铜资源储量增加 1200 万吨以上[2]。另外，一些原有铜矿山也积极进行拓展自己的矿源，如加强残矿、表外矿的回收，加强深部矿体的开拓以及进行含铜围岩与尾矿的处理利用等。一些技术先进的国家，如美国、英国、日本、加拿大等，早把眼光对准了丰富的海底资源。含铜、镍、钴都十分丰富的海底锰结核，其金属量远比陆地上的铜资源多几十倍，而且每年都在不断增加着。我国已获联合国授权在相关海域进行海底资源的勘探、开发与处理加工的研究，前景十分看好。但是，只有那些技术先进、能跟上这一发展进程步伐的国家，才可能最先受益。

1.3 铜矿石的分类与各类铜矿石的性质特点

含铜元素聚集到工业上可采程度的岩石才称为铜矿石。铜在地壳中的丰度为 0.068%。自然界中的含铜化合物的数量说法不一，有的说至少有 360 种，有的说约有 220 种、240 种、250 种、280 种等，至今没有一个统一的说法。许多含铜化合物并不常见，且不具有工业价值，而经常碰到并具有工业价值的有 15~17 种（当说 17 种时，即较原有的 15 种含铜矿物增加了"方黄铜矿"与"硫砷铜矿"）。这些铜矿物除自然铜外，根据它们所含硫、氧量的不同，可分为硫化铜矿物及氧化铜矿物，见表 1-1。

表 1-1 主要铜矿物

矿物类别	矿物名称	分子式	化学成分/%				
			Cu	Fe	S	As	Sb
自然铜	自然铜	Cu	100				
硫化铜矿	黄铜矿	$CuFeS_2$	34.5	30.5	35.0		
	斑铜矿	Cu_5FeS_4	63.3	11.2	25.6		
	辉铜矿	Cu_2S	79.9		20.1		
	铜蓝	CuS	66.5		33.5		
	黝铜矿	$Cu_{12}Sb_4S_{13}$	45.8		25.0		29.2
	砷黝铜矿	$Cu_{12}As_4S_{13}$	51.6		28.2	20.2	
	硫砷铜矿	Cu_3AsS_4	48.4		32.6	19.0	
	方黄铜矿	$CuFe_2S_3$	23.4	41.2	35.4		
氧化铜矿	赤铜矿	Cu_2O	88.8				
	黑铜矿	CuO	79.9				
	孔雀石	$CuCO_3 \cdot Cu(OH)_2$	57.5				
	硅孔雀石	$CuSiO_3 \cdot 2H_2O$	36.2				
	胆矾	$CuSO_4 \cdot 5H_2O$	25.5		12.8		

续表1-1

矿物类别	矿物名称	分 子 式	化学成分/%				
			Cu	Fe	S	As	Sb
氧化铜矿	水胆矾	$Cu_4(SO_4)(OH)_6$	56.2		7.09		
	蓝铜矿	$2CuCO_3 \cdot Cu(OH)_2$	55.3				
	氯铜矿	$CuCl_2 \cdot 3Cu(OH)_2$	59.5				

1.3.1 自然铜

自然铜（copper）是由同一元素 Cu 相聚而成的铜矿物，理论上应含 100% 的铜，但原生自然铜往往混有少量或微量的 Fe、Ag、Au、Bi、Sb、Ge 等元素。次生的自然铜成分较纯。其晶体结构属等轴晶系，多成立方体与不规则的树枝状集合体。颜色和条痕均为铜红色。金属光泽，锯齿状断口，相对密度 8.5~8.9。硬度 2.5~3.0。具延展性，导电性良好。多产于含铜硫化物矿床的氧化带，常与赤铜矿、孔雀石共生，是各种地质过程中还原条件下的产物，是提铜的有用矿物之一。

1.3.2 硫化铜矿物

硫化铜矿物主要有：

（1）黄铜矿（chalcopyrite）。化学式为 $CuFeS_2$，含 Cu 34.5%，是分布最广的硫化铜矿物。通常含有少量 Ag、Au、Pt、Ni、Ti、Se、Fe 等元素的混入物。四方晶系、晶体少见，通常为致密块状或粒状。铜黄色，条痕为绿黑色，金属光泽，不透明，解理不完全，硬度 3~4，性脆，相对密度 4.1~4.3，导电性良好。溶于硝酸，并析出硫。形成于各种条件下，主要存在于气液及火山成因的铜矿床，常与各种硫化矿物共生，在各类铜矿床中都有产出，是分布最广的一种工业硫化铜矿物，也是组成铜矿石的重要有用铜矿物。黄铜矿有原生与次生两种之分，次生黄铜矿是铜矿物在有关地质作用下的产物。黄铜矿的加工性能较差，是铜矿石中难选、难浸的组分，至今对黄铜矿的提取回收尚存在一定困难。

(2) 斑铜矿（bornite）。化学式为 Cu_5FeS_4，是一种铜与铁的硫化物，其中 Cu 含量为 63.3%，是提铜的主要矿物之一。等轴晶系，表面易氧化呈蓝、紫斑状锖色，因此而得名斑铜矿。新鲜表面呈现铜红色，条痕为灰黑色，金属光泽。相对密度 4.9~5.3，硬度为 3。晶体少见，常为致密块状及粒状分散存在于各种类型的铜矿床中，常与黄铜矿共生，也形成于铜矿床的次生富集带（但不稳定），在地表易氧化成孔雀石及蓝铜矿，因而也常与自然铜、孔雀石、蓝铜矿、硅孔雀石及褐铁矿共生。斑铜矿也有原生与次生矿物之分。次生斑铜矿含铜品位常高于原生斑铜矿。

(3) 辉铜矿（chalcocite）。化学式为 Cu_2S，其中 Cu 为 79.9%，常含有 Ag，有时含有 Fe、Co、Ni、As、Au 等元素。高温变种属六方晶系，低温变种属斜方晶系。通常呈致密粒状块体或细粒集合体。颜色呈铅灰及铁黑色，常带晕彩。条痕暗灰色，金属光泽，相对密度 5.5~5.8，硬度 2~3。略具延展性，氧化后暗淡无光，不透明。解理不完全，贝状断口。无电磁性，是良导体。溶于硝酸，溶液呈绿色，将小刀置于此溶液中即可镀上金属铜。辉铜矿常产生于硫化铜矿床的次生富集带，是含铜最富的铜硫化物，为重要的炼铜原料。常与斑铜矿、黄铜矿、赤铜矿等共生，有的还形成铜银共生矿床。辉铜矿的加工性能良好，无论是浮选回收还是湿法氧化浸出，都可获得比较好的结果。

(4) 铜蓝矿（covellite）。化学式为 CuS，含 Cu 66.5%，在硫化铜矿中，含铜量仅次于辉铜矿，混入物质有 Fe、Ag、Pb 及少量的 Se 等元素。六方晶系，通常呈片状或粉末状集合体出现。颜色为靛青蓝色或淡蓝黑色。条痕灰黑色，金属光泽。片状的解理完全，薄片能弯曲，有滑腻感。硬度 1.5~2.0，相对密度 4.59~4.67。能溶于硝酸或王水，溶液呈黄绿色，加入黄血盐粉末，产生铜的褐色沉淀。铜蓝矿形成于含铜硫化矿床的次生富集带，常与黄铜矿、辉铜矿等铜矿物伴生，是组成铜矿石的有用矿物之一，其分布也较为普遍。

(5) 黝铜矿（tetrahedrite）。化学式为 $Cu_{12}Sb_4S_{13}$，是一种含铜、锑的硫化铜矿物，含铜量为 45.8%。常与 Ag、Pb、Zn 等矿物共生。

黝铜矿中所含 Sb 可与 As 互换，从而变成砷黝铜矿。此外，还有许多黝铜矿的变种存在，如银锑黝铜矿、汞锑黝铜矿、锌锑黝铜矿及镍锑黝铜矿等。黝铜矿的晶体属等轴晶系，单晶体常呈四面体。钢灰色到暗灰色，条痕铁黑色，有时带褐色，呈半金属光泽，不透明，无解理，断口不规则。硬度 3~4.5，相对密度 4.6~5.4。弱导电性。溶于浓硝酸，析出粉末状硫和锑，加入氢氧化铵溶液后呈现蓝色。黝铜矿与砷黝铜矿成类质同象系列，其中的铜可被银、锌、汞、铁等元素置换，构成黝铜矿或砷黝铜矿的亚种，如银黝铜矿等。黝铜矿虽然分布较广，但数量一般不大，通常与伴生的其他铜矿物一起作为铜矿物利用。

（6）砷黝铜矿（tennantite）。是一种富砷硫化铜矿物，其化学式为 $Cu_{12}As_4S_{13}$，其中铜元素占 51.6%，As 为 20.2%，另含微量的 Au、Se、Fe 及 Ge 等。等轴晶系，晶型为四面体，呈致密块状。颜色为暗灰色和暗褐灰色，有时在颗粒表面覆盖有绿色与褐色薄膜。粉末呈黑色、暗灰色。断口不规则，为金属光泽，无解理。硬度 3~4，性脆，相对密度 4.6~5.4。不透明，能溶于浓硝酸，析出粉末状硫及 As 的氧化物。

（7）硫砷铜矿（enargite）。化学式为 Cu_3AsS_4，其中 Cu 占 48.4%，常有少量 Sb、Zn、Fe 及微量 Ge、Ga、V、Sn、Te、Pt 等混入。斜方晶系，晶型呈板状或柱状。钢灰色，条痕灰黑色，金属光泽至暗淡光泽，不透明，解理完全到不完全，断口不平整，硬度 3.5，性脆，相对密度 4.3~4.5。溶于王水。福建上杭县紫金山铜矿区有此矿物产出。此外，辽宁与安徽的铜矿中，也有硫砷铜矿产出的报道。

（8）方黄铜矿（cubanite）。化学式为 $CuFe_2S_3$，其中含 Cu 为 23.4%，有时混入有镍和锌。斜方晶系，呈粒状或叶片状、板状。青黄铜色，黑色条痕，金属光泽，不透明，贝壳状断口，硬度 3~4。可塑性弱，相对密度 4.03~4.17。主要产于与基性或超基性岩有关的铜镍矿床中，如甘肃的金川、新疆哈密东黄山、吉林通化赤柏松、青海玛沁县德尔尼矿区等地。此外，新疆的哈巴河县阿舍勒矿区及安徽的铜陵市冬瓜山矿区也偶见产出。

1.3.3 氧化铜矿物

氧化铜矿物是原生硫化铜矿物在长期的地质作用及自然风化作用下表生而成的铜矿物。常分布在硫化铜矿床上部的氧化带内或成独立的氧化铜矿床中。一般距地表较近，也有因矿体位于断层带上，区域内岩石断层较多，裂隙发育，地下水流丰富或易与空气接触等原因。氧化铜矿物可在垂直几百米的深度范围内分布（如东川汤丹氧化铜矿床）。现将主要的工业氧化铜矿物介绍如下：

（1）赤铜矿（cuprite）。化学式为 Cu_2O，其中含铜量为 88.8%，仅次于自然铜，是含铜量最高的氧化铜矿物。该矿物中常混入有少量 Fe、Mg、Ca、Zn、Pb、Al、Si 等元素。等轴晶系，粒状八面体，立方体晶型。颜色由红至近于黑色，有的表面呈铅灰色，条痕为棕红色，金刚光泽至半金属光泽。解理不完全，断口呈贝壳状。硬度 3.5~4.5，性脆，相对密度 5.86~6.15。常与自然铜、褐铁矿、孔雀石共生。

（2）黑铜矿（tenorite）。化学式为 CuO，含铜为 79.9%。显微镜下可见强的非均质性，斜方柱晶体，晶体发育，呈细小板状或叶片状，时有弯曲，单斜晶系。在部分晶面上有横纹、细鳞片状集合体。土状块体的称土黑铜矿。颜色为钢灰色、铁黑色、黑色，条痕为黑色。金属光泽，解理中等，断口为贝壳状，性脆，细鳞片有弹性和挠性。硬度为 3.5~4.0，相对密度为 5.8~6.4。易溶于盐酸、硝酸中。产于铜矿床氧化带内的黑铜矿，常是辉铜矿与斑铜矿的风化产物，常与黄铜矿、斑铜矿、赤铜矿、自然铜、铜蓝、孔雀石等铜矿物共生产出。黑铜矿是可供提取铜的优良含铜物料。

（3）孔雀石（malachite）。化学式为 $CuCO_3 \cdot Cu(OH)_2$，含 Cu 为 57.5%，Ni 和 Zn 可以类质同象形式替代铜。由吸附作用或机械混入的杂质有 Ca、Fe、Si、Ti、Na、Pb、Ba、Mn、V 等元素。通常呈肾状、葡萄状、放射纤维状的集合体。一般为绿色，但色调变化较大，可由暗绿至鲜绿。条痕为浅绿色，玻璃至金刚光泽，纤维状者具丝绢光泽。解理完全，硬度 3.5~4.0，相对密度 3.9~4.5。遇盐酸放出 CO_2 气。除作提铜原料外，也是制作工艺美术制品的原料。由于仅产于硫化铜矿床的氧化带，常与蓝铜矿、赤铜矿、辉铜矿等矿物共生。

（4）硅孔雀石（chrysocolla）。化学式为 $CuSiO_3 \cdot 2H_2O$，含 Cu 36.2%，有时含微量的 Fe。斜方晶系，常呈隐晶质或胶状集合体，呈钟乳状、皮壳状、土状等。绿色、浅蓝色，含杂质时变成褐色或黑色。玻璃光泽与蜡状光泽，土状者呈土状光泽。硬度 2，相对密度 2.4。加热时失去水。不溶于一般的酸，但可溶于氢氟酸。产于铜矿床的氧化带内，与其他次生铜矿物共生。有明显的铜绿色，大量聚积时，可与其他铜矿物一起供提取铜用。但硅孔雀石的提取性能较差，在浮选与湿法提取中，铜的回收率都不很高。

（5）胆矾（chalcanthite）。化学式为 $Cu(OH)_5SO_4$，含 Cu 25.5%。三斜晶系，晶体呈板状或短柱状，但不常见。通常呈致密状、粒状、钟乳状、皮壳状，也有的呈纤维状，有时呈两个单体穿插的十字双晶。天蓝色、蓝色、白色条痕，透明至半透明，玻璃光泽。解理不完全，断口呈贝壳状。硬度 2.5，相对密度 2.1~2.3。性脆，味苦而涩，极易溶于水。由于胆矾是含铜硫化物氧化分解的次生产物，又易溶于水中，因此在我国西北干燥地区的铜矿床的氧化带中常有产出。

（6）水胆矾（brochantite）。化学式为 $Cu_4(SO_4)(OH)_6$，含 Cu 57.5%，单斜晶系，晶体为短柱状、针状，也可呈块状。翠绿至黑绿色、灰绿色。透明至半透明，玻璃光泽，解理呈珍珠光泽，条痕为灰绿色。解理完全，断口呈贝壳状及参差状。硬度 3.5~4.0，相对密度 3.97，性脆，化学性质较稳定，是硫化铜矿物的氧化产物，常于铜矿床的氧化带产出。由于易溶于水中，因此难于用选矿法回收。

（7）蓝铜矿（azurite）。又名石青，化学式为 $2CuCO_3 \cdot Cu(OH)_2$，化学成分比较纯净，含 Cu 为 55.3%，一般不含杂质，产于表生的氧化带。单斜晶系，晶体为短柱状或厚板状、致密状、钟乳状及放射状集合体。有的呈土状、皮壳状及薄膜状。颜色为蓝色或深蓝色，条痕浅蓝至深蓝。玻璃光泽，晶面有时似金属光泽，土状块体呈土状光泽。小晶粒透明，断口呈贝壳状，解理中等至完全。硬度 3.5~4.0，相对密度 3.7~3.9。性脆，无磁性。易溶于酸。除可与其他铜矿物一起作提铜原料外，由于颜色美丽也可作观赏标本及色料。

（8）氯铜矿（atacamite）。化学式为 $CuCl_2 \cdot 3Cu(OH)_2$，含 Cu

59.5%，仅含微量的 Co、Ca 等元素。斜方晶系或斜方双锥晶系。集合体为粗柱状、纤维状、致密块状及皮壳状等。亮绿色至浅黑绿色，透明至半透明，玻璃至晶刚光泽，条痕为苹果绿色。解理完全至中等，断口呈贝壳状。硬度 3.0~3.5，相对密度 3.76，性脆。主要产于干燥气候条件下的铜矿床氧化带，通常与孔雀石、赤铜矿、硅孔雀石及石膏等矿物共生，大量集聚时可构成铜矿石。氯铜矿最早在智利发现，后来在美国、秘鲁、英国及前苏联等地均有发现。

1.4 氧化铜矿床及其形成机制

1.4.1 氧化铜矿概述

氧化铜矿物是原生硫化铜矿物在长期的地质作用及大自然的风化作用下表生而成的产物，常赋存于硫化铜矿床上部距地表较近的氧化带内。其矿体大小与地质、地理及自然风化条件都有密切的关系，如果矿床位于地质的断裂带上，整个岩石就较为破碎和松散，裂隙就较为发育，铜矿物即易与地下水及空气接触，铜矿物的氧化进程就快速与容易。如果氧化生成的酸性硫酸铜溶液能渗透至矿床深部，那么形成的氧化带就越深厚和巨大，甚至形成大型的氧化铜矿床，东川汤丹氧化铜矿就是其中典型的例子。

氧化铜矿是我国铜资源的重要组成部分。在我国的铜资源中占有30%以上的比例，如云南省发现的铜矿保有储量中，氧化铜矿就达到了30%以上的比例，高于国外20%以下的情况。

在国内外已探明的铜矿中，硫化铜矿的数量都占有优势，且这类铜矿石的可选性比氧化铜矿好，浮选富集是加工处理的主要手段，一般可产出含铜8%~28%的铜精矿，供火法炼铜作原料。因氧化铜矿是各种地质作用和自然风化作用的产物，成分复杂，结构构造特殊，浮选法难于富集，加工处理较硫化铜矿困难，是当今世界各国矿物加工中面临的难题之一。经过人们长期以来的不断开采，一些易采、易选的硫化铜矿在不断减少，有的矿山已经枯竭，对氧化铜矿资源的开采加工就显得更加重要与势在必行，而氧化铜矿，特别是难选氧化铜矿的加工处理技术上又存在一定困难，因此，国内外一些著名的科研机构都把它作为自己的重点研究课题，其结果往往代表了一个国家加工提取铜矿物的技术水平。

1.4.2 氧化铜矿物的生成机理

原生硫化铜矿床出露地表或接近地表，就要受到空气与雨水的作用，其中的硫化铜矿物就要发生氧化、分解、剥蚀、溶化，硫被氧化成硫酸，其中的金属成分被氧化生成硫酸盐溶液。这些生成的硫酸及硫酸盐溶液，进一步沿着岩石的裂隙及矿物间的缝隙渗透与迁移，接触到新的更多的硫化铜矿物，与这些新的铜矿物发生氧化分解与交互作用，生成更多种类的氧化铜矿物。除了硫化铜矿物发生上述作用外，矿石中的金属硫化物如分布广泛的黄铁矿，也会发生氧化过程而有硫酸及硫酸盐的生成，如：

$$2FeS_2 + 7O_2 + 2H_2O \longrightarrow 2H_2SO_4 + 2FeSO_4$$

黄铁矿　　　　　　　　　硫酸　　硫酸亚铁

$$4FeS_2 + 15O_2 + 2H_2O \longrightarrow 2H_2SO_4 + 2Fe_2(SO_4)_3$$

黄铁矿　　　　　　　　　硫酸　　硫酸铁

生成的铁的硫酸盐在迁移过程中，酸性降低，碱性升高，便分解成铁的氢氧化物，后经脱水变成铁的氧化物，留在铜矿床上部，形成铁帽型氧化铜矿床。

原生的黄铜矿、斑铜矿等硫化铜矿物，经氧化分解，也生成各自的硫酸铜或硫酸亚铜盐与次生的硫化铜矿物：

$$CuFeS_2 + 4O_2 \longrightarrow CuSO_4 + FeSO_4$$

黄铜矿　　　　　　硫酸铜　硫酸亚铁

$$2CuFeS_2 + 8O_2 \longrightarrow Cu_2SO_4 + Fe_2(SO_4)_3$$

黄铜矿　　　　　　硫酸亚铜　　硫酸铁

$$2CuSO_4 + 2FeSO_4 \longrightarrow Cu_2SO_4 + Fe_2(SO_4)_3$$

硫酸铜　硫酸亚铁　　硫酸亚铜　　硫酸铁

$$4Cu_2S + O_2 \longrightarrow 4CuS + 2Cu_2O$$

辉铜矿　　　　　铜蓝　赤铜矿

氧化过程生成的硫酸铜溶液在渗透迁移过程中遇碱性物质或空气中的 CO_2，便与之反应，生成铜的氧化物沉淀下来：

$$2CuSO_4+2CaCO_3+H_2O \longrightarrow CuCO_3 \cdot Cu(OH)_2+2CaSO_4+CO_2$$
　　硫酸铜　　方解石　　　　　　　　孔雀石

$$3CuSO_4+3CaCO_3+H_2O \longrightarrow 2CuCO_3 \cdot Cu(OH)_2+3CaSO_4+CO_2$$
　　硫酸铜　　方解石　　　　　　　　蓝铜矿

$$2CuSO_4+ \quad CO_2 \quad +3H_2O \longrightarrow CuCO_3 \cdot Cu(OH)_2+2H_2SO_4$$
　　硫酸铜　二氧化碳　　　　　　　　孔雀石

在有游离二氧化硅存在的情况下，硫酸铜溶液可与之反应生成硅孔雀石 $mCuO \cdot nSiO_2 \cdot xH_2O$。硫酸铜溶液在还原性环境中的交互反应，可产生包括自然铜在内的氧化铜矿物组合：

$$5CuSO_4+4FeSO_4+CaCO_3+3H_2O \longrightarrow CuCO_3 \cdot Cu(OH)_2+Cu_2O+$$
　　硫酸铜　　硫酸亚铁　　　　　　　　　孔雀石　　　　　　赤铜矿

$$Cu+2Fe_2(SO_4)_3+CaSO_4+2H_2SO_4$$
　　　自然铜

硫酸铜溶液与铁的硫酸盐溶液不能直接生成铜的氧化物，但当与原生硫化矿物相遇时，会发生反应生成次生的硫化铜矿物，如：

$$7CuSO_4+4FeS_2+4H_2O \longrightarrow 7CuS+4FeSO_4+4H_2SO_4$$
　　硫酸铜　　黄铁矿　　　　　　　铜蓝

$$11CuSO_4+5Cu_5FeS_4+8H_2O \longrightarrow 18Cu_2S+5FeSO_4+8H_2SO_4$$
　　硫酸铜　　　斑铜矿　　　　　　　辉铜矿

$$14CuSO_4+5FeS_2+12H_2O \longrightarrow 7Cu_2S+5FeSO_4+12H_2SO_4$$
　　硫酸铜　　黄铁矿　　　　　　　辉铜矿

$$CuSO_4 \quad +CuFeS_2 \longrightarrow 2CuS+FeSO_4$$
　　硫酸铜　　　黄铜矿　　　　铜蓝

$$3CuSO_4+3FeSO_4+2CuFeS_2 \longrightarrow Cu_5FeS_4+2Fe_2(SO_4)_3$$
　　硫酸铜　　黄铜矿　　　　　　　斑铜矿

$$CuSO_4+2FeSO_4+FeS_2 \longrightarrow CuFeS_2+Fe_2(SO_4)_3$$
　　硫酸铜　　　黄铁矿　　黄铜矿

$$3Cu_2SO_4+2Cu_5FeS_4 \longrightarrow 8Cu_2S+Fe_2(SO_4)_3$$
　　硫酸亚铜　　斑铜矿　　　　辉铜矿

硫酸铜溶液在渗透迁移过程中，会因形成新的铜矿物而逐渐消耗枯竭，从而停止向更深远的地方迁移，也有的被地下水流带到 5～10km 的地方才会遇到适宜的环境而发生反应生成新的铜矿物沉积下来，集聚成新的铜矿体甚至大的铜矿床。

在原生的铜矿体中，主要的铜矿物是黄铜矿，其次是斑铜矿、辉铜矿，其他的硫化铜矿物相对少见，与铜矿物伴生的主要是黄铁矿、磁黄铁矿等。在次生氧化带中，氧化铜矿物主要是孔雀石、蓝铜矿及硅孔雀石等。硫化铜矿物主要是次生的辉铜矿、黄铜矿与斑铜矿。黄铁矿仍然是主要的伴生硫化矿物。

2 氧化铜矿提取铜的影响因素及处理方法

2.1 氧化铜矿石的结构特点

原生硫化铜矿物，经地质因素与自然风化作用，受到氧化、分解、剥蚀以及溶解成为铜的硫酸盐溶液，最终在各种成矿因素作用下形成新的氧化铜矿物或次生硫化铜矿物。铜元素的这种二次成矿作用（由岩浆冷凝时的成矿为一次成矿）过程，铜矿物必然与存在环境中的岩石（或称脉石）关系十分密切，铜矿物的粒度十分微细，分布上十分不均匀，其结构构造也十分复杂。在成矿过程中，必然有部分铜矿物以高度分散状态成为显微或超显微粒子浸染于脉石或以微粒高度分散嵌布于脉石中，被脉石矿物以机械形式所包裹，或以化学方式成为类质同象，或呈吸附型杂质存在于脉石之中。这些与脉石密切结合的铜矿物被称为"结合铜"。结合铜难以通过机械磨矿获得完全的单体解离，即使用化学试剂在不破坏脉石矿物的情况下，也难以使铜完全溶解进入溶液。

另外，由于各种地质因素与自然风化作用形成的氧化铜矿物的结构松软易脆，因此，氧化铜矿中总有数量不等的原生细粒物存在，成为难于回收的氧化铜矿泥，在磨矿过程中又会产生数量更多的次生矿泥，影响氧化铜矿加工过程中的操作和铜的回收。

2.2 描述氧化铜矿主要性质特征的定量指标

描述氧化铜矿主要性质特征的定量指标主要有：

（1）氧化铜矿的氧化率。在氧化铜矿中，有众多成分繁杂的氧化铜矿物，矿石已不是由单一的氧化铜矿物构成，而是硫化铜矿物与氧化铜矿物共存的复杂状态。两类铜矿物含铜的比例变化很大，为了定量地描述这种铜矿石的氧化程度，将氧化铜矿物含铜量占矿石总铜量的比例定义为"氧化率"。铜的氧化率高低，表示铜矿石受到氧化的程度。氧化率数值越大，其矿石所受氧化程度越高，氧化作用越深刻，氧化铜矿的性质也越复杂。

（2）结合氧化铜——铜的结合率。前已述及在氧化铜矿的形成过程中，总有一部分铜元素与脉石关系非常紧密，粒度细微与高度分散，不具有自由表面，不但机械磨矿中难成单体解离出来，就是用溶剂浸出，在不破坏脉石的情况下也难以溶浸出来，因而人们就将此部分铜称为"结合铜"，属氧化物的称为"结合氧化铜"。结合氧化铜含铜占矿石总铜量的百分数被称为铜的"结合率"。结合氧化铜是氧化铜矿石铜物相分析中的重要指标，也是衡量铜矿石所受氧化程度的判据之一。有经验的工作者，根据结合氧化铜的含量便可大致判断这种氧化铜矿石的加工提取难易程度。

需要指出的是，用结合氧化铜来表示氧化铜矿中铜的结合率，只是当前的一种习惯作法，但这种做法并不十分准确，因为氧化铜矿中被脉石结合的还有少量或微量的硫化铜矿物，如被脉石包裹的硫化铜矿物的氧化残余体。

（3）氧化铜矿的含泥量。由氧化铜矿物的生成机制及氧化铜矿物的性质特点分析，氧化铜矿石中总含有一定数量的微细粒矿泥，这也是氧化铜矿石的一个重要特点，它与矿石所受氧化程度相关联。氧化铜矿的原生含泥量可用矿石开采出来后，在较粗块度下（如矿石破碎至50cm）筛分或水洗出来小于74μm（200目）部分（或更细级别）矿石的质量占总矿量的百分数来表示。筛分或水洗出来的矿泥中，10μm左右的粒级占有相当的比例，其中几乎全是铜的氧化物，矿泥的含铜品位往往较整个铜矿石的平均铜品位为高，而结合氧化铜的含量也是如此。原生氧化铜矿泥的数量也与铜矿物所受氧化程度有关。原生氧化铜矿泥由于粒度小，比表面积大，往往难以回收，是铜损失的一大原因。

2.3 氧化铜矿的铜物相及加工处理中的难易组分

氧化铜矿物相分析时，根据铜矿物的形成原因，存在于不同环境的铜矿物具有的不同特性。将铜矿物分为游离氧化铜、结合氧化铜及活性硫化铜、惰性硫化铜四种组分。根据这四种组分的加工处理特性，又可将其分为易加工处理与难加工处理两类。易加工处理组分包含了游离氧化铜与活性硫化铜，它们用常规浮选法处理即可获得较好的回收率与精矿品位，故将它们称为易选组分，含易选组分比较高的氧化铜矿即称为"易选氧化铜矿"。难选组分是指结合氧化铜与惰性硫化铜，含这两种组分比较高的氧化铜矿被称为"难选氧化铜矿"，用常规浮选法处理不会获得好的结果。

在高氧化率的铜矿中，硫化铜矿含量相对较少，其中所含惰性硫化铜就更少，它的难选特性不足以左右整个铜的回收率，而相对含量较多的结合氧化铜则成为影响铜回收率低的主要因素。

2.4　氧化率、结合氧化铜与氧化铜矿泥对铜矿加工提取的影响

试验研究与生产实践证明，铜的氧化率、结合氧化铜含量与原生氧化铜矿泥含量都是氧化铜矿加工处理中的重要影响因素。在这方面已经积累了较多的数据，如图 2-1 和图 2-2 所示。

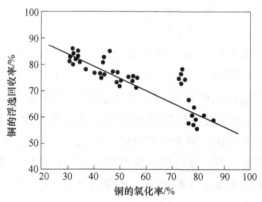

图 2-1　铜的氧化率对铜浮选回收率的影响

由图 2-1 可以看出，当矿石中铜的氧化率刚达到氧化铜矿的标准时（氧化率 30%），铜的浮选回收率一般都可达到 80% 以上；而当

氧化率上升至50%时，铜的浮选回收率则降至75%左右；当氧化率上升至80%时，铜的浮选回收率则降至60%左右；当氧化程度更高时，铜的浮选回收率则降至60%以下。

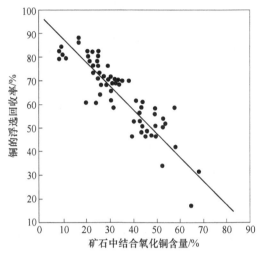

图2-2　铜的结合率对铜浮选回收率的影响

结合氧化铜含量对铜浮选回收率的影响更为显著。由图2-2可以看出，随着矿石中结合氧化铜含量的增加，铜的浮选回收率急剧地降低。如矿石中结合氧化铜的含量在20%以下时，铜的浮选回收率可达80%以上；当矿石中结合氧化铜含量增至30%以上时，铜的浮选回收率则降至70%以下；如果矿石中结合氧化铜含量继续升高至40%，铜的浮选回收率则降至60%以下。此时不论是从铜资源的利用，还是从经济方面考虑，采用浮选法来处理都不相宜了。

在氧化铜矿的浮选中，各类组分的铜回收率有很大的差别，结合氧化铜是最难选收的组分，当使用常用的浮选药剂时，回收率不足30%。其次是惰性硫化铜，它的回收率也很低。而易选的组分即游离氧化铜与活性硫化铜，即便是使用常用的浮选药剂，其铜的回收率都可达80%以上。新的高效浮选药剂的使用，对结合氧化铜、游离氧化铜及惰性硫化铜的回收率都有较明显的提高，如某地氧化铜矿石的试验结果即可证明，见表2-1。

表 2-1　某氧化铜矿石的浮选试验结果

浮选过程使用的主要药剂	精矿铜的回收率/%				
	总铜	结合氧化铜	游离氧化铜	活性硫化铜	惰性硫化铜
常用药剂	60.01	26.88	82.11	87.00	33.14
黄药+乙二胺磷酸盐	69.21	40.12	87.31	87.92	52.99
黄药+乙二胺磷酸盐+咪唑	72.16	45.71	87.37	87.51	61.40

对氧化铜矿中原生小于 74μm（200 目）矿泥的研究表明，对铜浮选回收率的影响，主要由原生矿泥两方面的原因所造成：一是这种原生矿泥都是氧化率、结合氧化铜含量很高的细粒物料，且粒度越细，所受氧化程度越高，对铜选收的不利影响越大。如果氧化铜矿中这种原生矿泥含量越大，对铜浮选回收率的不利影响也越显著，回收率也越低，见表 2-2 和表 2-3。其中难选组分结合氧化铜与惰性硫化铜的含量都随粒度变细而显著增加，而易选组分游离氧化铜与活性硫化铜的含量则显著减少。这两种组成上的变化，都对铜的选收不利。二是矿泥的粒度很细，其中小于 10μm 粒级占有相当部分，所含铜矿物的粒度更为细小，某氧化铜矿石的浮选尾矿考查结果表明，损失于浮选尾矿中的铜矿物，都是呈显微或超显微粒级的，一般只有 2~5μm 的大小，超出了浮选工艺所能回收的粒级范围。且这些铜矿物大都以微细而高度分散的状态嵌布于脉石矿物之中，或被脉石以机械形式所包裹，或以化学方式呈类质同象存在，或以离子形态杂质被脉石矿物所吸附，机械磨矿所能达到的最细粒度均不能使它们呈单体产出，使之具有自由表面，从而失去了浮选回收的可能性。

表 2-2　矿砂与矿泥物相分析结果

矿样名称	粒级/μm	分布率/%						各粒级全铜品位/%
		结合氧化铜	游离氧化铜	活性硫化铜	惰性硫化铜	氧化铜	全铜	
矿砂	>74	25.43	47.70	22.70	4.17	73.13	100.00	0.692

矿样名称	粒级/μm	分布率/%						各粒级全铜品位/%
		结合氧化铜	游离氧化铜	活性硫化铜	惰性硫化铜	氧化铜	全铜	
矿泥	40~74	42.75	39.85	8.70	8.70	82.60	100.00	0.69
	20~40	56.30	29.63	3.26	10.81	85.95	100.00	0.675
	10~20	61.12	26.01	2.47	10.40	87.13	100.00	0.769
	<10	65.94	22.46	1.74	9.86	88.40	100.00	1.38
矿砂与矿泥合计		56.34	29.64	4.18	9.84	85.98	100.00	0.837

表 2-3 矿泥对浮选结果的影响

浮选类别	矿泥含量/%	铜品位/%		铜的回收率/%
		原矿	精矿	
洗矿后的矿砂浮选	0	0.68	11.71	72.33
泥砂配选	10	0.694	11.29	67.67
	15	0.701	11.09	65.34
	20	0.708	10.87	63.23
	30	0.722	10.36	39.00
全泥浮选	100	0.82	7.17	33.14

　　氧化铜矿中结合氧化铜、惰性硫化铜及原生氧化铜矿泥等难选组分，对氧化铜的常温常压湿法提取也表现出类似浮选中的不利影响。以东川汤丹氧化铜矿石为例，在常压氨浸出的湿法冶金中，结合氧化铜的浸出率一般都在 25%~35%，惰性硫化铜的浸出率更低（见表2-4），而选易组分游离氧化铜在同样的浸出条件下，铜的浸出率都在 90% 以上，活性硫化铜在未加氧化剂的情况下，仅靠矿浆中溶解的氧气及矿浆液面与空气的接触形成的氧化作用，即可使其中的铜浸出率达 30%~50%。用硫酸作溶剂，在常温常压下，结合氧化铜的浸出率也只有 30% 左右。

表 2-4 汤丹氧化铜矿石常压氨浸出结果

浸出温度/℃	浸出时间/h	浸渣含铜/%	铜的浸出率/%				
			总铜	结合氧化铜	游离氧化铜	活性硫化铜	惰性硫化铜
20	3	0.264	57.4	25.7	95.7	50.4	①
21	12	0.232	62.0	34.9	93.5	41.3	6.66
24	4	0.230	62.3	36.8	95.0	31.2	①
40	3	0.213	65.4	31.3	100.0	56.9	①
60	3	0.194	68.7	35.3	99.7	65.1	①

注：其余浸出条件：$NH_3 + CO_2 = 102g/L + 66g/L$；$L/S = 1:1$；矿石粒度小于 $74\mu m$（200 目）占 59.2%。

① 分析有误，含量高于原矿。

2.5 结合氧化铜的种类、结构形态及其对铜提取回收的影响

2.5.1 结合氧化铜的种类与结构形态

前已述及，氧化铜矿物是原生硫化铜矿物在长期的地质、地理及自然因素作用下形成的表生矿物，结合氧化铜是这一表生成矿过程中产生的特殊组分。其特点是粒度细微，与脉石矿物结合非常紧密，高度分散嵌布在脉石矿物之中，或被脉石以机械形式包裹，或以化学方式成类质同象，或以离子形态成杂质被吸附。结合氧化铜在铜矿床的氧化带中富集，其含量与铜矿物被氧化的深刻程度有关。在铜的次生富集带中也有结合氧化铜相存在，但含量较氧化带少，而在铜的原生带中则几乎没有此组分矿物存在。由于结合氧化铜赋存形态复杂特殊，机械磨矿手段难以使这类铜矿物完全成单体解离，即使以化学试剂溶浸，在不使脉石矿物受到破坏的情况下，也不能使铜的大部分溶解进入溶液。一个重要原因是结合氧化铜矿物没有自由表面存在，缺少与浮选药剂或浸出试剂接触和反应的空间，因而其中铜的回收率很低，成为氧化铜矿加工提取过程中最为不利的影响因素，也因此成为氧化铜矿加工处理中重点研究的课题。

在结合氧化铜的回收中，使其中铜矿物呈单体解离出来，使之具

有相当的自由表面是一个前提条件。但有一种情况，在某氧化铜矿石的浮选尾矿或氨浸渣的检测中，发现有硅孔雀石氧化铜矿物的少量单体存在，这是一种特殊的情况，是由于硅孔雀石的化学组成比较复杂，各种成分含量变化很大，其中除含有 CuO、SiO_2 外，还常含有 Al_2O_3、Fe_2O_3 及 P_2O_5 等，这些成分可以形成许多含铜变种。在大多数情况下，这些变种共生，而粒度微细的铜的氧化物掺杂其中。因此，硅孔雀石无论从化学性质与工艺特性而言，都类似于结合氧化铜矿物，故在铜矿石的物相分析中，常将其与结合氧化铜一起来测定[3]。

按铜的氧化物与脉石结合的种类，可把结合氧化铜分为钙镁型结合氧化铜、硅铝型结合氧化铜及铁锰型结合氧化铜。每种类型的结合氧化铜与脉石矿物结合时又呈现出机械包裹、类质同象与吸附三种结构形态。需要指出的是，以上结合氧化铜所分类型与结构形态，是以氧化铜矿中铜与之结合的主要脉石类型来划分的，并非这种氧化铜矿中铜一定没有与其他脉石结合，只是那些与其他脉石结合形成的结合铜数量和影响作用是较次要的。因此，结合氧化铜是一类组成、结构与性质都相当复杂的铜矿物，在氧化铜矿石的加工处理中，往往起着决定性的作用。因此，在选择氧化铜矿的加工处理方案时，必须考虑矿石中结合氧化铜的含量及其影响这一重要因素。

2.5.2 结合氧化铜的处理回收

由于结合氧化铜是氧化铜矿中的难处理回收组分，对高氧化率、高结合率的难处理氧化铜矿而言，结合氧化铜的回收率往往是左右整个氧化铜矿中铜回收率高低与经济合理性的重要影响因素。提高结合氧化铜的回收率便可提高矿石中总铜的回收率及铜资源的利用程度。为此必须提高所用处理方法的有效性及可行性。同时，结合氧化铜又是铜矿石中铜资源的有机组成部分，为了充分利用铜资源，必须重视这部分铜的回收利用。因此，铜的选冶工作者一直把结合氧化铜的回收处理作为重点研究的课题，提出了各种各样的加工处理途径与工艺方法，有的已付诸工业实践，收到了一定的效果；有的虽然从理论上讲有其道理，但实践证明，负面效应相当严重，从而工业应用的机会很少；有的工艺方法则因氧化铜矿含铜品位的降低及环境保护要求的提高，已经不能适应这一变化而处于被淘汰的境地；有的则需进一步完善和改进。归纳起来，有以下几方面的途径和方法可供应用。

2.5.2.1 浮选法中高效浮选药剂的应用

在保证其他适宜浮选条件的情况下，高效浮选药剂（特别是高效捕收剂）的添加应用可以提高结合氧化铜的浮选回收率。在氧化铜矿的浮选实践中，人们都将高效浮选药剂的添加作为提高结合氧化铜回收率的一种技术措施加以实践，并且能收到一定的效果。以东川汤丹氧化铜矿石的浮选试验为例，如果浮选时仅用普通药剂（丁基黄药），结合氧化铜的浮选回收率只有 29.12%，在此基础上添加高效捕收剂时，结合氧化铜的回收率可以大幅度提高到 40% 以上，见表 2-5。

表 2-5 高效浮选药剂对结合氧化铜回收率的影响

浮选药剂	普通常用黄药	黄药+乙二胺磷酸盐	黄药+氧肟酸钠	黄药+乙二胺磷酸盐+氧肟酸钠	黄药+乙二胺磷酸盐+咪唑
结合氧化铜回收率/%	29.12	40.96	42.36	44.07	47.52

表 2-5 的数据表明，用浮选法处理氧化铜矿时，使用高效浮选药剂是提高结合氧化铜回收率的一条有效途径。但也要看到高效浮选药剂的应用，还不能从根本上解决结合氧化铜的回收问题，因为高效浮选药剂的应用并没有解决结合氧化铜在矿石中的存在形态与嵌布特性，也没有解决结合氧化铜缺乏自由表面的问题，而只是加强了对结合氧化铜矿物的捕收能力。因此，这一技术措施的局限性是明显的，人们必须有清醒的认识。

2.5.2.2 火法冶金途径

火法冶金处理氧化铜矿的历史悠久，从青铜器时代就已开始。火法冶金处理氧化铜矿也最为有效，不论氧化铜矿的组分有多复杂，也不论结合氧化铜与脉石的结合有多紧密，结构有多么特殊，在脉石中的粒度有多微细与分散，在火法冶金炉的高温区内，氧化铜矿的各组分（包括结合氧化铜矿物）中的铜元素，在短时间内其存在形态都会彻底改变，成为高温下的冶金熔液，从而与脉石矿物分离而获得富集。火法冶金方法处理难选氧化铜矿可分为两种形式：竖炉还原熔炼与焙烧。

A 竖炉（鼓风炉）还原熔炼

从我国湖北大冶铜绿山的古炼铜遗址中发现了春秋时代（公元前770~前476年）的炼铜竖炉，当时处理的原料即主要是高品位的氧化铜矿石。东川铜矿也是我国用火法冶炼技术处理氧化铜矿较早的矿山之一，从元、明两个朝代就开采与处理氧化铜矿，并用火法熔炼技术来提取铜金属。

竖炉，常称之为鼓风炉，曾是还原熔炼氧化铜矿的主要冶金设备。将含氧化铜高（结合氧化铜含量也高）的富矿石破碎至适宜的块度后，与还原剂（初期是木炭，后来发展为焦炭）及造渣熔剂混合一起，从炉子顶部加入炉内，同时从炉子下部的一定位置鼓入空气，在风口附近使燃料燃烧，在炉内形成高温区（温度可达1250~1300℃），并产生高温炉气，高温区将矿石等炉料熔化，高温炉气则在上升途中与下降的炉料进行热交换后，温度降至450~600℃，而后从炉子的顶部排入收尘系统。炉料在下降过程中逐渐受热、熔化、还原，获得一种含有铜及炉渣的冶金熔体流入炉子的前床中，在这里铜与渣因密度差而获得分离与富集。当炉料中有硫化物存在时，铜成为冰铜产物。

竖炉（鼓风炉）熔炼提铜是一种古老的炼铜方法，在20世纪30年代以前，一直是世界上主要的炼铜工艺。在我国，直到20世纪50年代，鼓风炉熔炼已发展成为可熔炼硫化铜精矿，此时几乎是铜生产的唯一工艺方法。这种鼓风炉熔炼，具有床能力大，热效力高，流程简单，特别对氧化铜矿中的结合铜含量没有限制，因而是处理高氧化率、高结合氧化铜矿的有效方法。但鼓风炉熔炼要求入炉的氧化铜矿石具有一定的块度,细粒粉矿只能占一定的比例,为避免炉料堵塞与偏析,保证炉气能均匀上升,对细粒粉矿应采用制团或烧结处理。更为重要的是炉料含铜要高,一般要求在 10% 以上。这样的富氧化铜矿石现在已经很少,难以采到,难以保证工业生产连续供料的要求。更为重要的是,鼓风炉的炉料、燃料及熔剂中,多少存在有硫化物,熔炼过程即产出含有 SO_2 的烟气,污染环境、危害生态与健康,为环保规定所不容,致使古老而有效的鼓风炉熔炼法,逐渐被环保型的先进工艺方法所取代。

B　焙烧

随着不断的开采,高品位富氧化铜矿资源不断减少与枯竭,加上环境保护的要求越来越严格,鼓风炉主宰的炼铜时代已经过去,现在面临的是大量含铜品位低,而氧化率和结合率高、含泥量又大的难处理氧化铜矿需要加工处理。就理论上讲,这些低品位的含铜物料,传统的火法熔炼仍然是有效的,但经济层面难以产生效益。好在人们对这类难选氧化铜矿早已经有了对策,这就是采用另一类火法冶金方法——焙烧。焙烧也是一种火法冶炼过程,就是在适当的气氛环境中对含铜矿石进行加热至低于矿石组分熔点以下的温度,使含铜组分与炉气发生化学反应,改变其原有的不利于回收的存在形态,特别是使结合氧化铜从与之结合的脉石中解离出来,转变生成为易于选收的铜金属或溶浸的铜金属化合物,下一步用浮选法或传统的湿法冶金法来回收。这就克服了结合氧化铜与矿泥中氧化铜矿物的存在形态与不利影响。常用于处理难选氧化铜矿的焙烧分为还原焙烧与离析焙烧。

a　还原焙烧

将含结合氧化铜高的矿石(或其他形式的含铜物料),磨细至一定细度后,脱水并干燥至含水少于 5%,之后配入一定比例的还原剂(煤粉或焦炭粉),在还原炉中加热至 750~850℃,进行还原焙烧,使结合氧化铜发生组成改变,成为铜金属或铜的氧化物存在,接着用常压湿法冶金或浮选法回收。如某地产出的一种含铜尾矿,粒度 0.3~0.074mm 粒级占 36.42%,小于 0.074mm 粒级占 63.58%,尾矿含铜

1.2%，其中结合氧化铜含量达 82.5%，游离氧化铜为 16.7%，硫化铜仅占 0.8%。铜矿物呈细小微粒被脉石矿物包裹，或呈离子吸附状态分散于铁矿物的脉石晶格中。还有少量的铜矿物呈砷钙铜矿及微量的孔雀石、蓝铜矿存在。其他金属矿物主要为褐铁矿及少量的赤铁矿。脉石主要是方解石，其次为石英。

由于脉石含钙较高，酸浸不经济。用浮选法处理，由于结合氧化铜含量高，铜浮选回收率仅为 30% 左右。常温常压氨浸，铜的浸出率为 20% 以下，采用加压氨浸，在 160℃ 的温度浸出下，铜的浸出率也只有 75% 左右，但如果采用还原焙烧后进行常压下氨浸，铜的浸出率便可达 88% 左右。因此，确定采用还原焙烧来实现矿石中结合氧化铜存在形态的转变，从而提高铜的回收率。浸出矿浆经液固分离后，浸渣丢弃，含铜液进行蒸馏或溶剂萃取回收铜。

世界上用还原焙烧—常压氨浸法处理高结合氧化铜矿石，并实现工业化生产的有南澳大利亚的伯拉氧化铜矿及我国云锡公司的第二冶炼厂。伯拉铜矿的还原焙烧—常压氨浸实践表明，矿石还原焙烧的温度上限控制在 750℃，以避免矿石中碳酸盐的分解，用当地易于获得的天然气作还原剂和燃料，焙烧作业在多膛炉中进行。经过焙烧的矿石（称焙砂）的氨浸出，在机械搅拌的浸出槽中完成。浸出总 NH_3 浓度为 90.1g/L，其中 50% 的 NH_3 需要以碳酸铵的形式加入，浸出液中的 CO_2 为 44g/L。铜的浸出率为 85% 左右。浸出矿浆液固分离及水洗后还要用蒸汽除 NH_3 的办法尽量减少浸渣中的残 NH_3 含量。这一系列作业均在转鼓真空过滤机上进行。

我国云锡公司的第二冶炼厂的还原焙烧，是在回转窑中进行的，焙烧温度控制在 750~850℃。还原剂是用当地生产的褐煤磨粉，配入量为矿石量的 4%。焙砂的浸出是在具有充气功能的机械搅拌涡轮浸出槽中进行，液固分离使用浓密机，含铜溶液用蒸馏法回收铜。

澳大利亚伯拉铜矿与我国云锡公司第二冶炼厂的还原焙烧—氨浸法处理高结合氧化铜矿石的工业生产实践都是在 20 世纪 70 年代进行的。

实践表明，虽然还原焙烧对高结合氧化铜矿石的还原是有效的，但还原焙烧—常压氨浸工艺，是一种火法冶金与湿法冶金组成的联合工艺流程，两部分工艺中都有各自的多种影响因素，要同时掌握好这些影响因素，形成完美的工艺联合，还是存在有一些困难，特别是还原焙烧过程产生大量的烟气，除造成一定的铜的损失外，还对环境造成一定的污染。

b　离析焙烧

将含结合氧化铜高的氧化铜矿石，破碎至一定的粒度后，配入适量的食盐与煤粉，置于中性或弱还原性气氛中加热至 700~750℃，使矿石中的氧化铜矿物与氯化剂（常用 NaCl）发生反应，生成具有挥发性的铜金属氯化物，从矿石中离析出来，并被吸附在炭粒表面，而后吸附在炭粒表面上的铜的化合物又被氢气还原成铜金属，最后用浮选法来回收此铜金属。

离析焙烧不仅可处理含高结合氧化铜的铜矿石，对含泥量大的氧化铜矿石也很有效，而且还能处理含有硫化铜矿物的混合铜矿。同时，如果矿石中含有金、银、镍、钴、锑、铋、钯、锡等金属，也易于在离析焙烧过程中与氯化剂发生化学反应，生成具有挥发性的金属氯化物从矿石中离析出来。

离析焙烧自 1923 年发现以来，已经有 90 多年的历史，国外有赞比亚恩昌加统一铜矿公司的罗卡纳矿务局，用沸腾炉加热与竖炉离析的两段离析，即"托尔科"法于 1970 年实现了规模为 500t/d 的工业生产。另一家是毛里塔尼亚的阿克朱季特矿产公司，也用"托尔科"法于 1970 年建成投产了规模为 3600~4000t/d 矿石的离析—浮选生产厂。前者在生产中获得如下生产指标：原矿含铜 3%~6%，产出精矿含铜品位 45%~55%，铜的回收率 85%~87%，如果处理难选氧化铜矿，铜的回收率则降为 80%~81%。

我国广东石菉氧化铜矿，因氧化程度较深，含泥量较大，相当部分的铜与脉石中的硅、铝成分及铁铝成分结合成十分紧密的结合氧化铜，用一般常规工艺处理，铜的回收率很低，因而决定采用离析工艺来处理这种难选氧化铜矿石，于是按回转窑直接加热的一段离析工艺建立了离析—浮选生产厂，并于 1970 年开始试投产。由于回转窑一段加热离析工艺在国内外都没有先例可循，试生产中工艺与设备都出现了众多问题。1972年又转入离析生产的技术攻关，经过3年多的努力，基本上解决了工艺与设备方面的问题，使离析窑的台时处理矿量从5t提高到19.36t，精矿铜品位由12%提高到25%以上，选矿理论回收率提高到80%，回转窑的作业率也提高到80%左右，于是1976年转为正式工业生产。1978年获得的工业技术经济指标为：处理的原矿铜品位为2.45%，精矿的铜品位为26.29%，尾矿含铜0.68%，离析—浮选的铜回收率75.43%。主要吨矿单耗（kg）为：重油60.2，煤耗49.58，电耗55.87kW·h，黄药0.88，松油0.74，盐耗17.97[4]。

离析过程对结合氧化铜的破坏率一般达到60%左右，欲进一步提高铜的回收率，设法提高离析过程对结合氧化铜的破坏率是重点所在。

实践的结果表明，离析焙烧—浮选工艺对难选氧化铜矿的处理具有较高的有效性，但整个过程较为繁杂，生产成本高，能耗高；炉气逸出不但造成铜金属的损失，而且对设备造成较为严重的腐蚀破坏；对环境造成污染；另外，要求铜矿石的品位要高，其中所含的大理石、碳酸钙等脉石成分要低，否则会对工艺过程产生严重的不利影响。随着铜矿石品位的降低与环境保护的要求越来越严格，此法的推广应用无疑已受到严重限制。

2.5.2.3 加温加压湿法冶金

A 加温加压氨浸

按结合氧化铜的类型，钙镁型的结合氧化铜可以用氨浸法处理回收，而硅铝型的结合氧化铜可以用酸浸法（常用硫酸浸出法）处理回收。但结合氧化铜用常温（或100℃以下的低温）浸出，铜的浸出率很低，如室温下氨浸3h，结合氧化铜的浸出率平均为25%左右，而硫酸浸出在室温下结合氧化铜的浸出率仅为20%左右。如果提高浸出温度，结合氧化铜的浸出率即随温度的提高而提高，见表2-6。结合氧化铜的氨浸出率可达88%左右。

表 2-6　结合氧化铜的加压氨浸试验结果

| 试料 | 原矿性质/% | | | | | | 加压浸出条件 | 浸出温度/℃ | 结合氧化铜的浸出率/% |
	铜品位	氧化率	结合氧化铜	游离氧化铜	活性硫化铜	惰性硫化铜			
汤丹难选氧化铜矿	0.60	77.53	32.00	45.53	17.62	4.85	矿石粒度小于 74μm（200 目）占 59%；NH_3 + CO_2 = 102g/L+66g/L；L/S = 1 : 1；时间 2h；充空气压 6atm；搅拌器转速 420r/min	115	66.7
								125	67.4
								135	86.0
								145	88.8

表 2-6 中所列数据说明，浸出温度对结合氧化铜的浸出影响是很显著的。当浸出温度提高 30℃时，结合氧化铜的浸出率提高 22 个百分点，将难浸组分结合氧化铜的浸出率提高到新的水平。但酸浸过程却很少采用加压浸出作业，因为加压浸出提取铜带来的负面影响却是正面效益难以抵消的。

加压湿法冶金是处理高结合氧化铜的有效方法之一，但从经济效益考虑，所处理的矿石铜品位不可太低，因为提高矿浆温度需要消耗较多的热量，同时要求设备具有较高的耐压程度，所用材料与制作技术都相应要高，操作上也要求较为准确、精细，因而生产成本必定有所增加，故必须进行详细的方案对比后才能决定是否采用。

B　水热硫化法处理结合氧化铜

人们早已认识到结合氧化铜是氧化铜矿加工处理中一个主要的影响因素，是技术方面的一个"拦路虎"，多少年来人们为解决此问题进行了不懈的努力，但都难有突破。东川矿务局中心试验所的科研人员，在经过较长时间的努力实践后，在总结前人知识成果的基础上，终于另辟蹊径，在 1974 年 4 月，提出了一个经济有效的新的工艺方法：水热硫化—温水浮选法，将难选氧化铜矿的处理推进到一个崭新的阶段，为结合氧化铜的加工回收开辟了一条新途径。此法是在含结合氧化铜高的难选氧化铜矿石的矿浆中，加入化学计量的元素硫粉，并对矿浆在机械搅拌的情况下进行加温加压反应，使矿石中的结合氧化铜及其他难选组分实现了铜物相转化，生成易于用浮选法回收的人造硫化铜矿物——人造铜蓝（CuS）。如汤丹难选氧化铜矿石，在180℃的水热硫化温度下，机械搅拌硫化反应4h，有近80%的结合氧化铜转化生成为易被浮选法回收的活性硫化铜——人造铜蓝（CuS），有90%的游离氧化铜也同样被转化成人造铜蓝（CuS），从而使本来是高氧化率、高结合率的难选氧化铜矿石变成为低氧化率、低结合率的易选的人造硫化铜矿石，使整个矿石性质发生了根本性改变，使铜的回收率获得了大幅度的提高。

3 水热硫化—温水浮选法 处理氧化铜矿的原理及工艺流程

3.1 技术思路及基本原理

3.1.1 技术思路

前已述及，不论难选氧化铜矿的组成有多复杂，也不论其中铜矿物的结构有多特殊，只要对该铜矿石进行铜物相分析，即可将其中所含铜矿物分为四种类型的组分：结合氧化铜、游离氧化铜、活性硫化铜与惰性硫化铜。按它们的工艺特性，科学试验及生产实践均已证明：结合氧化铜与惰性硫化铜是氧化铜矿中的难处理、难回收组分，称为难选组分；游离氧化铜与活性硫化铜是易处理、易回收组分，称为易选组分。如果难选组分特别是结合氧化铜在氧化铜矿中的含量较高，必然形成这种氧化铜矿石难以加工处理的结果，用常规硫化浮选法与常温常压的湿法冶金工艺处理，都不能获得高的铜回收率，此种氧化铜矿即被称为难选氧化铜矿，反之则称为易选氧化铜矿。由此可知，结合氧化铜的含量是氧化铜矿工艺性能的决定性影响因素。在高氧化率、高结合率的氧化铜矿中，硫化铜矿物的含量比例相对较少，原生的惰性硫化铜矿物就更少，一般只有百分之几的含量，它的难选性能不足以左右整个矿石中铜的回收率。因此，人们一直在重点研究解决结合氧化铜的加工处理问题。在不同时期提出了如前介绍的一些工艺方法与技术措施，如高效捕收剂的研制和应用；火法还原熔炼，焙烧解析难选组分及加压湿法冶金等工艺。但这些工艺方法产生于不同的年代，具有那个年代的原料条件和社会情况背景，体现了那个时代的生产力发展水平。如今，原料条件和社会情况都发生了很大的变化，因此，有的工艺方法不能适应原料贫化的改变，或社会对清洁环保要求的提高；有的工艺方法流程较复杂，能耗较高，影响因素较多，难以进行良好的控制，因而铜的最终回收率较低，或生产成本较高，经济上难以产生效益。我们在汤丹难选氧化铜矿的加压氨浸试验中，深切感受到，难选氧化铜矿的难以加工处理，影响因素是多方面的，结合氧化铜与氧化铜矿泥固然是主要的影响因素，但惰性硫化铜与硅孔雀石等的影响也是不能忽视的，只有这些影响因素都得到综合性的治理，铜的回收率才可能获得大幅度的提高，工艺方法的适应性才能获得大的增强。但这又是极其困难的事情。只有认真总结前人积累的经验，吸取已有技术的长处，摒弃那些被实践证明是无益的东西，并走前人未曾走过的路子，勇于创新，才有可能获得新的突破。于是在 1974 年 4 月提出了一个处理难选氧化铜矿的全新工艺方法：水热硫化—温水浮选法[5]。通过这一新的技术途径，将过去要面对的多种难处理因素，简化为只剩一个要克服的对象，即人造硫化铜矿物的回收。于是在难选氧化铜矿的矿浆中，定量加入与铜元素具有高度亲和力的元素硫，通过加温加压这一技术措施，使成分复杂的难处理氧化铜矿变成组成基本相同、铜矿物种类单一，并具有高度可浮性的人造硫化铜矿物，最后用温水浮选的方法来回收。实践证明，这一新的技术思路是正确的，获得了难选氧化铜矿处理上的新突破，开启了难选氧化铜矿加工处理的新阶段。

可以看到，这一新的工艺方法，根据前人发现的化学原理，融合了前人发明的加温加压与浮选技术，有机组合成一个处理难选氧化铜矿新的工艺方法，破解了长期困扰国内外人们的技术难题，并以创新的理论与实践成果丰富和发展了铜矿物的加工领域。

新的处理方法提出后，以汤丹难选氧化铜矿石为试料，进行了深入细致的试验研究工作，终于获得了成功，印证了技术思路的正确。

3.1.2 水热硫化的基本原理

铜是典型的亲硫元素，在原生铜矿中，几乎全是铜的硫化物，只是在地质条件变化与外部氧化条件的作用下，才产生了铜的氧化物。因此，在有铜金属的氧化物存在的系统中，加入适量的硫元素，并提供二者进行反应的条件——适宜的温度与湿度，铜的氧化物必然会转化为铜的硫化物，并使铜矿物的性质产生根本性改变。因此，在将难选氧化铜矿石磨细的矿浆中加入一定量的硫元素，促使氧化铜矿物发生这一转化，称为硫化反应，特别是使其中的结合氧化铜因这一变化而生成易于浮选回收的活性硫化铜矿物——人造铜蓝（CuS），具有极其重要的意义。与此同时，氧化铜矿中另一难回收组分——原生惰性硫化铜矿物，如原生的黄铜矿、斑铜矿等也与硫元素发生化学反应，称为活化反应，生成易被浮选回收的活性硫化铜矿物——人造铜蓝（CuS），从而使氧化铜矿中两种类型的难处理、难回收组分都发生了物相的转化，从难于回收的铜矿物转化成易被浮选回收的活性硫化铜矿物，从而使氧化铜矿的物化特性发生了逆转，由难选变成为易选。这一变化包括了矿石中的氧化铜矿泥和硅孔雀石，从而使难处理氧化铜矿的难处理因素都得到了综合性的处理，朝着有利于浮选回收的方向转变。

具有硫试剂的矿浆，在水热硫化高压釜内，当其温度升高到硫的熔点以上，元素硫由于自身的氧化还原作用（即自身的歧化反应），生成负 2 价的硫离子（S^{2-}）与正 6 价的硫离子（S^{6+}）以及不饱和的中间产物硫代硫酸根离子（$S_2O_3^{2-}$）进入溶液，S^{2-} 即与矿石中的各种氧化铜矿物（包括矿石中的自然铜矿物）发生"硫化反应"，生成人造铜蓝（CuS），与此同时，两价的硫离子还与矿石中的原生惰性硫化铜矿物如原生的黄铜矿与斑铜矿发生活化反应，也生成人造铜蓝（CuS），从而使矿石中的各类铜矿物都发生了物相上的转化，使原有的氧化铜矿石变成了铜矿物组成统一、性质稳定的易选的硫化铜矿石。

水热硫化过程中发生的化学变化是一个较为复杂的过程，首先发生的是元素硫的氧化还原反应（即元素硫的歧化反应）：

$$S \longrightarrow S^{6+} + 6e$$

$$S^{6+} + 4H_2O \longrightarrow SO_4^{2-} + 8H^+$$

$$3S + 6e \longrightarrow 3S^{2-}$$

因此，元素硫变化的总的反应式可写成：

$$4S + 4H_2O \longrightarrow 3S^{2-} + SO_4^{2-} + 8H^+ \tag{3-1}$$

中国科学院化工冶金研究所（现中科院过程所）后来对元素硫的歧化反应动力学研究表明[6]，在 pH 值为 6 ~ 10、温度 130 ~ 170℃ 的条件下，元素硫的歧化反应主要产物是 S^{2-}（包括 HS^- 和 H_2S）与

$S_2O_3^{2-}$，二者的摩尔比近于2，因此基本反应式可描述成：

$$4S+3H_2O \longrightarrow 2HS^-+S_2O_3^{2-}+4H^+ \tag{3-2}$$

实际上，反应式（3-1）与式（3-2）实质上是相同的，据文献[7]介绍，$S_2O_3^{2-}$中有一个硫原子是正6价（即S^{6+}），一个硫原子是负2价的（即S^{2-}），因此，以上反应式中，4个硫原子中都有3个硫原子生成为负2价的硫离子（S^{2-}），一个硫原子生成为正6价的硫酸根离子（SO_4^{2-}），即是说在水热硫化中最终能有效利用的硫仅是所加总硫量的75%。

氧化铜矿物的"硫化反应"如：

$$3[Cu(OH)_2CuCO_3]+8S+2H_2O \longrightarrow 6CuS+2H_2SO_4+3H_2CO_3 \tag{3-3}$$
$$\text{孔雀石}\text{铜蓝}$$

$$3CuSiO_3+4S+4H_2O \longrightarrow 3CuS+3H_2SiO_3+H_2SO_4 \tag{3-4}$$
$$\text{硅孔雀石}\text{铜蓝}$$

原生惰性硫化铜矿物的"活化反应"，如：

$$CuFeS_2+S+H_2O \longrightarrow CuS+FeS_2+H^++SO_4^{2-} \tag{3-5}$$
$$\text{黄铜矿}\text{铜蓝}$$

$$Cu_5FeS_4+S+H_2O \longrightarrow CuS+FeS_2+H^++SO_4^{2-} \tag{3-6}$$
$$\text{斑铜矿}\text{铜蓝}$$

反应的实例如图3-1和图3-2所示。

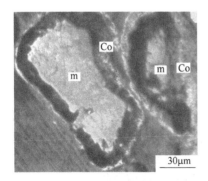

图3-1 孔雀石经水热硫化后
表面生成了铜蓝

m—孔雀石；Co—铜蓝

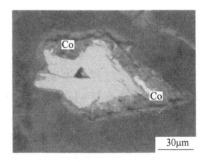

图3-2 原生黄铜矿经水热硫化后
表面生成了铜蓝

中间白色者为黄铜矿；Co—铜蓝

以上铜矿物的硫化反应与活化反应都是由表及里，逐渐深入到矿物的内部，随着水热硫化过程的持续进行，原有的铜矿物绝大部分甚至全部都可转化成为人造铜蓝。曾在东川矿区内采集到孔雀石与硅孔雀石两种单体铜矿物，前者的纯度大于70%，后者的纯度大于75%，将此两种氧化铜矿物进行水热硫化处理，孔雀石转化为铜蓝的转化率达到85%以上，硅孔雀石转化为铜蓝的转化率达到95%以上。因此，经水热硫化处理，原有氧化铜矿石中的各类铜矿物绝大部分都转化为具有相同组成的人造铜蓝，使铜矿石的氧化率大大降低，活性硫化铜的含量大大增加，从而使其中铜矿物的可浮性能获得了根本性的改善。以东川汤丹氧化铜矿石为例，其中各组分的变化见表3-1。

表3-1 水热硫化使氧化铜矿石组分发生的变化

矿石类别	水热硫化主要条件	结合氧化铜		游离氧化铜		活性硫化铜		惰性硫化铜		总铜/%	铜的氧化率/%
		含量/%	分布率/%	含量/%	分布率/%	含量/%	分布率/%	含量/%	分布率/%		
汤丹原矿	0	0.197	32.36	0.266	47.66	0.10	16.42	0.046	7.56	0.609	76.02
经水热硫化后	180℃, 4h	0.051	8.30	0.015	2.44	0.52	84.56	0.029	4.70	0.615	10.75

注：水热硫化其他条件：矿浆 $L/S = 1:1$；硫量 $M_S = 1.47$ 倍；矿石粒度93%小于74μm（200目）。

水热硫化过程中生成的人造铜蓝，具有很高的表面活性，对丁基黄药捕收剂有特别强的亲和力。经试验测定结果，仅需15s的吸附时间，即可达到饱和吸附量（常规硫化的矿石需要40s的吸附时间），且丁基黄药的饱和吸附量是常规硫化矿石饱和吸附量的4~5倍（见图3-3）。同时，经水热硫化后的人造硫化铜矿石对丁基黄药的吸附量，在室温至50℃的范围内随温度的升高而增加（见图3-4），从而进一步提高了人造硫化铜矿物的可浮性。但如果进一步提高吸附温度，则因丁基黄药发生分解失效而吸附量反而下降，因此，在对人造硫化铜矿物进行的浮选作业时，矿浆温度一定要控制在55℃以内。

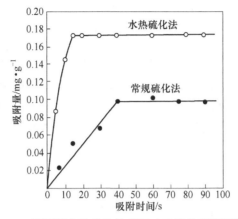

图 3-3　用不同方法硫化的矿石对丁基黄药的吸附量

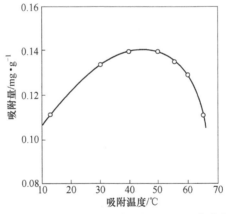

图 3-4　人造硫化铜矿石在不同温度下对丁基黄药的吸附量

　　水热硫化过程中，生成的人造硫化铜矿物组成统一，性质稳定，对原有铜矿物的表面覆盖全面而均匀，因此，可以认为新生硫化铜矿物的可浮性是充分而均匀的，这对于粒度微细的氧化铜矿泥的浮选回收具有重要意义。矿泥中各粒级的铜都获得了充分回收的机会和条件，特别是细级别中的铜都获得了相当高的回收率，见表 3-2。

表3-2 汤丹难选氧化铜矿石经水热硫化后各粒级铜的回收率

处理方法	各粒级铜的回收率/%					
	>74μm	>40μm	>20μm	>10μm	<10μm	总量
常规硫化浮选		68.14	69.18	63.80	57.95	64.33
水热硫化—浮选	73.65	88.80	85.42	86.92	88.56	86.72

水热硫化后浮选中大于74μm粒级铜的浮选回收率比较低，可以断言是由于铜矿物的解离度不够所致。另外，脉石矿物经水热硫化处理，由于较长时间的热压条件作用，其表面特性也获得某种程度的调整，在浮选中表现出受到较大程度的抑制，使精矿铜品位获得大幅度的提高。

水热硫化过程进行的反应以及产生的良好效果，都为下一步人造硫化铜矿的温水浮选创造了良好的条件。试验证明，只用简单的浮选流程（见图3-5）及少量常用浮选药剂，即可使原为难选的汤丹氧化

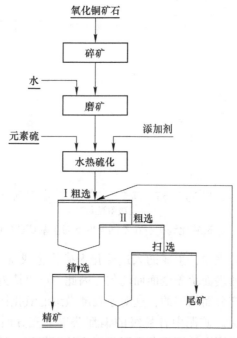

图3-5 水热硫化—温水浮选法处理氧化铜矿的工艺流程

铜矿中的铜回收率提高 20 个百分点以上，精矿铜品位提高 10 个百分点以上，并使整个加工处理流程十分简单，而且操作十分平稳，对环境也十分友好。

3.2 原料来源、性质及处理特点

水热硫化—温水浮选法，是在进行汤丹难选氧化铜矿石的加压氨浸试验中，感悟到原有的一些处理方法还存在一些技术经济方面的不足，不能达到人们的期望和要求。虽然对加压氨浸的各工艺环节都提出了新的改进方案，但要使这些新的技术措施实现工业化生产，还需要一定的时间和金钱来积累经验。因此，寻求一种更加简单，更加有效与更加经济的加工方法，显得十分重要。于是，水热硫化—温水浮选法处理汤丹难选氧化铜矿石的新的工艺方案便提了出来，并用汤丹难选氧化铜矿石为试料进行了深入细致的试验研究。为此，有必要对汤丹难选氧化铜矿及该矿石有关方面进行一些介绍。

3.2.1 汤丹氧化铜矿资源简介

汤丹氧化铜矿是我国一个在 20 世纪 50 年代即已探明的大型氧化铜矿床，位于东川矿区的东南部，矿体露头长达 3200m，平均海拔高度 2400m。矿体赋存于元古代昆阳群落雪白云岩中，为沉积变质成因的大型层状铜矿。由于汤丹铜矿正处于区域性小江断裂和宝台厂九龙断裂的交叉部位，而矿体的上盘和下盘又有较大的纵向断裂存在，因此含矿层节理裂隙发育，含矿岩石较为破碎，地表水易于渗透，加上矿体的暴露率大，含矿围岩又属易溶性的碳酸盐岩石，所以矿石的氧化程度深，原生矿泥含量达 20%左右，I～V 中段铜矿石的平均氧化率为 74.44%，结合氧化铜含量为 34.36%，给矿石的加工处理带来了很大困难。

汤丹氧化铜矿主矿体上部为 5 个中段所揭露，矿体深部为两排钻孔所控制，经钻探证实，矿体在顺倾斜方向延伸至 780m 深处仍无尖灭迹象，说明深部还有铜矿资源，有待做进一步的勘探确定。已探明的部分分为 7 个中段。1956 年全国储委行文批准了汤丹氧化铜矿的储量报告。主矿体已获地质储量：矿石量 2.24 亿吨（其中表内矿

1.15 亿吨，表外矿 1.09 亿吨），铜品位 0.636%（其中表内矿铜品位 0.88%，表外矿铜品位 0.38%）；铜金属量 142.9 万吨（其中表内矿金属量 101.2 万吨，表外矿金属量 41.7 万吨）。

在主矿体下盘 100~120m 深处为马柱硐矿体，已探明地质储量：金属量 10.82 万吨（其中表内矿占 86.04%），铜品位 0.855%（其中表内矿品位为 0.89%，表外矿 0.37%）。

3.2.2　汤丹氧化铜矿石的重要性质及特点

汤丹氧化铜矿的重要性质列于表 3-3。

表 3-3　汤丹氧化铜矿主矿体有关重要性质

中段	标高/m	表内矿（B+C）				表外矿				表内矿+表外矿			
		矿石量比例/%	铜品位/%	氧化率/%	结合率/%	矿石量比例/%	铜品位/%	氧化率/%	结合率/%	矿石量比例/%	铜品位/%	氧化率/%	结合率/%
I	地表~2448	5.43	0.86	80.71	40.88	0.61	0.40	81.58	47.77	3.09	0.81	80.97	42.93
II	2448~2388	2.64	0.79	82.17	43.41	4.29	0.38	82.79	52.62	3.44	0.54	82.36	46.30
III	2388~2328	7.96	0.85	79.72	39.67	9.85	0.37	82.80	47.72	8.88	0.59	80.62	42.02
IV	2328~2216	26.98	0.87	76.70	34.43	27.40	0.38	79.92	42.79	27.21	0.63	77.60	36.77
V	2216~2096	32.69	0.87	67.34	26.01	33.10	0.38	72.44	34.24	32.89	0.63	68.84	28.42
I~V	地表~2046			73.33	31.96			77.16	40.25		0.606	74.44	34.36
VI	2096~2036	16.42	0.91			16.84	0.38			16.62	0.65		
VII	2036~1916	7.88	0.91			7.85	0.39			7.87	0.66		
I~VII	地表~1916	100.00	0.88			100.00	0.38			100.00	0.636		
I~V氧化率/结合率		2.23 倍				1.80 倍				2.01 倍			

从表 3-3 可以看出：

（1）汤丹氧化铜矿是一个氧化程度很深、结合氧化铜含量很高的铜矿。Ⅰ~Ⅲ中段的矿石氧化率都在 80% 以上，结合氧化铜均超过42%；Ⅰ~Ⅴ中段的铜矿石平均氧化率为 74.44%，平均结合率为34.36%。虽然从Ⅳ中段开始，氧化率与结合率有所降低，但至Ⅴ中段氧化率仍有 68.84%，结合率仍在 28% 以上，仍是一个氧化率与结合率均高的氧化铜矿，从而给该矿石的加工处理带来了相当大的困难。

（2）由于矿石受氧化的程度很深，氧化铜矿泥的含量则比较大，经测定，汤丹氧化铜矿石的原生矿泥（小于 $74\mu m$（200 目）部分的细粒级矿）在 20% 左右，进一步加大了矿石的处理难度。

（3）汤丹氧化铜矿石的结构复杂，大部分铜矿物呈极细粒高度分散状嵌布于脉石中，嵌布特性表现在：

1）占铜矿矿物很大比例的孔雀石有 40% 的颗粒直径小于 $40\mu m$，最小的只有 $0.6\mu m$，呈极细网目状嵌布于脉石中。

2）氧化铜矿物中的孔雀石和硅孔雀石有相当一部分呈微粒高度分散于脉石内，在普通的偏光显微镜下只能看到它们呈浅绿色或浅蓝色，而分辨不出它们的颗粒大小，只有在电子探针显微镜下才可能看出铜元素在脉石中的高度分散情况，这部分铜矿石被人们称之为"色染体"矿石。

3）部分硫化铜矿物呈极细氧化分解残余体被包于氢氧化铁中，因颗粒很小，一般不足 $20\mu m$，故在磨矿过程中不易与氢氧化铁分离。

由于汤丹氧化铜矿石中存在上述三种特殊的嵌布状态，因此，在通常的机械磨矿过程中，难以实现比较充分的单体解离，因而难使铜矿物具有足够的自由表面，这使组成并不复杂的汤丹氧化铜矿石成为加工处理相当困难的含铜物料。

（4）矿石含铜品位低，汤丹氧化铜矿石含铜一般只有 0.6% 左右，而且除铜外，可供综合回收的有用金属少，只有含量仅为 5g/t 左右的银有回收价值，这使加工处理过程难以产生良好效益。

3.2.3 汤丹氧化铜矿石加工处理方案的试验研究

3.2.3.1 硫化浮选工艺试验

硫化浮选工艺由于历史悠久，工艺较为成熟、简单。浮选药剂来源广，供应充足，使用也较方便，国内外广泛用于氧化铜矿的加工处理，只有在处理难选氧化铜矿无能为力时，才考虑采用别的处理方法。

汤丹氧化铜矿的加工方案试验，从 1956 年就已开始，最初也是从浮选工艺做起，国内外十多家科研设计院所及大专院校都采取矿样进行了试验研究，现将规模为连续试验以上的试验结果列于表3-4，以资分析对比。

表 3-4　汤丹氧化铜矿历次硫化浮选试验主要结果

试验时间	试验单位	试验规模	矿石类型	原矿			精矿	
				铜品位/%	氧化率/%	结合率/%	铜品位/%	回收率/%
1956年	苏联列宁格勒选矿研究设计院	连续	表内	0.67	73.10	23.90	17.29	69.00
	苏联列宁格勒选矿研究设计院	连续	表外	0.36	88.90	38.90	11.60	45.00
	苏联乌拉尔选矿研究设计院	连续	表内	0.67	73.10	23.90	15.25	69.50
	苏联乌拉尔选矿研究设计院	连续	表外	0.36	88.90	38.90	13.85	50.00
	苏联莫斯科有色院	连续	表内	0.67	73.10	23.90	11.48	62.80
	苏联莫斯科有色院	连续	表外	0.36	88.90	38.90	12.12	30.00
1958年	北京有色院	半工业	表内68%；表外32%	0.56	82.90	43.20	17.09	50.83
	苏联专家工作组	半工业	表内68%；表外32%	0.59	82.90	43.20	18.44	51.30
1958~1959年	苏联专家工作组	半工业	表内68%；表外32%	0.60	82.90	43.20	12.65	58.00
	苏联专家工作组	半工业	表内60%~70%；表外40%~30%	0.62	63.40	32.60	16.64	66.65
1965年	昆明冶金研究所	连续	IV~V中段	0.61	63.16	25.84	9.89	79.74

试验 时间	试 验 单 位	试验 规模	矿石 类型	原 矿			精 矿	
				铜品 位/%	氧化 率/%	结合 率/%	铜品 位/%	回收 率/%
1969~ 1972 年	东川中心试验所	连续	表内 55%； 表外 45%	0.58	82.44	47.14	9.06	65.16
	东川中心试验所	连续	表内 80%； 表外 20%	0.68	80.36	44.64	8.36	67.35
	东川中心试验所	连续	东部 地表	0.56	82.17	33.57	11.37	69.24
	东川中心试验所	连续	马柱 硐 地表	0.782	65.45	29.06	14.29	73.78
1975~ 1976 年	东川中心试验所	连续	Ⅰ~ Ⅴ中 段代 表性 试料	0.58	79.86	32.29	10.30	73.33①
1977 年	东川中心试验所	半工业	Ⅰ~ Ⅴ中 段代 表性 试料	0.595	80.04	34.03	10.09	73.09①

①使用了咪唑、乙二胺磷酸盐等新药剂。

　　这里列出的仅是规模为连续试验以上的结果，如计做过小型试验的单位则更多。试验的结果表明，如将汤丹氧化铜矿矿石分为表内和表外矿两部分分别进行浮选加工处理，表内矿因氧化率降到 73%以下，结合率降到 23%左右，在保证浮选铜精矿铜品位较高的情况下，铜的浮选回收率接近 70%。但表外矿的氧化率高达 88%以上，铜的结合率接近 40%，此时，铜的浮选回收率一般不到 50%。如果将表内矿和表外矿以一定比例混合浮选，铜的氧化率高达 80%以上，铜的结合率为40%左右，在保证产出适宜铜精矿铜品位的情况下，铜的浮选回收率不足60%，如果将铜精矿铜品位降低为8%～10%，铜的浮选率也只有65%左右。试验的结果也表明，在浮选过程中只有在使用常用药剂的基础上不再添加高效浮选剂以进一步提高难选组分回收率的情况下，才能将总铜的回收率提高到73%左右。但以浮选工艺处理汤丹氧化铜矿石，不论采用何种方法，都难以在经济方面获得效益。

试验的结果突出表明，要想进一步提高氧化铜矿中的浮选回收率，必须采取强有力的技术措施以进一步提高矿石中难选组分中铜的回收率是其主要的途径。

汤丹氧化铜矿中，难选组分占总铜量的40%左右（以Ⅰ～Ⅴ中段代表性矿样计），因此，用浮选法处理时，如何进一步提高难选组分的铜回收率，成为技术方面的重点和难点所在。

用硫化浮选法处理汤丹氧化铜矿石，尽管人们在流程结构、磨矿与浮选药剂的使用等方面都做了不少探索与改进，但由于矿石性质特殊，难选组分含量高，资源利用不够充分，药剂的耗量大，加上原矿含铜品位低，无法产生适宜的经济效益。因而，用单一的常规硫化浮选工艺不能完成汤丹氧化铜矿石的加工处理任务。

3.2.3.2 加压氨浸法的提铜试验

由于汤丹氧化铜矿石脉石主要是含钙镁的白云石（约占脉石总量的83%～85%），因而可采用氨浸法处理。1958年，中国科学院化工冶金研究所（现中科院过程所）曾对一批汤丹氧化铜矿试料进行加压氨浸提铜试验[8]，试料含铜0.725%，磨细至30%～90%为小于74μm，用含$NH_3+CO_2=85g/L+55g/L$的含NH_3浸出溶剂，在液固比1∶1，通空气8atm（绝），加温至120℃，在机械搅拌高压釜中浸出3h，铜的浸出率达到90%。1962年与1963年又对另两批汤丹氧化铜矿试料进行了深入的氨浸提铜试验，结果与1958年的基本相同，并进一步认识到矿石中最难浸出的是结合氧化铜，要提高结合氧化铜的浸出率，必须提高浸出温度与延长浸出时间。东川矿务局中心试验所对汤丹氧化铜矿石的氨浸法提铜进行了更加深入的试验研究，对各种不同氧化率、不同结合率、不同铜品位及不同区域的矿样都进行过试验，证明了在影响铜浸出率的诸多因素中，浸出温度的影响最为显著。作者亲自进行的试验结果也证明，在145℃的温度范围内，铜的浸出率随浸出温度的升高而升高，如图3-6所示。

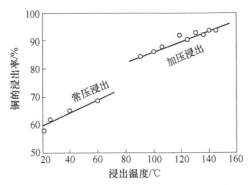

图 3-6　铜的浸出率与浸出温度的关系

作者将汤丹氧化铜矿石在常温下搅拌浸出12h，铜的浸出率也才达62%。如果要保证铜的浸出率在90%以上，则必须在浸出温度140℃，充空气10~12atm(绝)下搅拌浸出3h以上。

中科院化工冶金研究所对汤丹氧化铜矿石进行的加压氨浸中，浸出温度与浸出时间对各项铜浸出率的影响如图3-7和表3-5所示，试验用原矿铜品位0.68%，结合氧化铜25%~26%，游离氧化铜37.7%，活性硫化铜32.5%，惰性硫化铜4.0%。

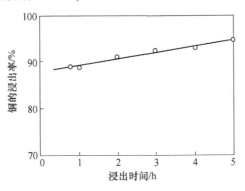

图 3-7　铜的浸出率与浸出时间的关系

表 3-5 汤丹氧化铜矿石氨浸提铜温度及浸出时间的影响

实验条件	变数	铜的浸出率/%	结合氧化铜		游离氧化铜		活性硫化铜		原生硫化铜		浸渣含铜/%
			浸出率/%	渣含量/%	浸出率/%	渣含量/%	浸出率/%	渣含量/%	浸出率/%	渣含量/%	
51%小于74μm, 2h, 10atm空气, NH_3+CO_2=85g/L+55g/L, 液固比1:1, 转速420r/min	80℃	76.0	60.0	0.072	92.4	0.019	80.5	0.043	15.0	0.022	0.169
	90℃	84.5	62.8	0.067	99.3	0.002	90.4	0.021	30.0	0.013	0.112
	100℃	85.1	59.4	0.073	96.8	0.008	93.6	0.014	27.0	0.019	0.101
	110℃	90.5	82.8	0.031	97.2	0.007	95.5	0.010	42.0	0.015	0.065
	120℃	91.2	81.1	0.034	96.0	0.010	95.5	0.010	54.0	0.012	0.060
	140℃	92.0	85.5	0.026	95.2	0.012	97.6	0.014	46.0	0.014	0.054
120℃, 51%小于74μm, 10atm空气, NH_3+CO_2=85g/L+55g/L, 液固比1:1, 转速420r/min	1.0h	88.0	73.4	0.048	99.2	0.002	91.3	0.019	27.0	0.019	0.08
	2.0h	91.2	81.2	0.034	96.0	0.010	95.4	0.010	54.0	0.012	0.066
	3.0h	92.6	86.7	0.024	96.0	0.010	96.8	0.007	50.0	0.013	0.050
	4.0h	91.6	88.9	0.020	99.6	0.001	93.6	0.014	50.0	0.013	0.057
	5.0h	94.3	90.6	0.017	95.6	0.011	96.8	0.007	46.0	0.014	0.038

1975 年，作者又用浮选、水冶半工业对比试验用试料进行了加压氨浸提铜试验，部分试验结果列于表 3-6，试料含铜 0.6%，氧化率 77.53%，结合氧化铜 32.0%，游离氧化铜 45.53%，活性硫化铜 17.62%，惰性硫化铜 4.85%。

表 3-6 汤丹氧化铜矿 I ~ V 中段式代表性试料加压氨浸试验结果

实验条件	变数	铜的浸出率/%	结合氧化铜		游离氧化铜		活性硫化铜		惰性硫化铜		浸渣含铜/%
			渣含量/%	浸出率/%	渣含量/%	浸出率/%	渣含量/%	浸出率/%	渣含量/%	浸出率/%	
NH_3+CO_2=102g/L+66g/L, 2h, L/S=1:1, 6atm(绝), 粒度小于74μm(200目)占59%, 转速420r/min	115℃	86.8	0.067	66.7	0.003	98.4	0.041	89.9	0.019	36.7	0.082
	125℃	88.4	0.008	67.4	0.005	97.3	0.012	89.0	0.012	60.0	0.072
	135℃	90.3	0.028	86.0	0.001	99.5	0.012	89.0	0.015	50.0	0.060
	145℃	93.2	0.022	88.8	0.007	96.2	0.012	89.0	0.014	53.4	0.042
145℃, 12atm(绝), NH_3+CO_2=102g/L+66g/L, L/S=1:1, 粒度小于74μm(200目)占59%, 转速420r/min	0.75h	89.3	0.035	82.2	0.000	100.0	0.006	94.3	0.022	26.8	0.065
	2.0h	90.7	0.030	84.8	0.005	98.2	0.003	97.2	0.015	50.0	0.057
	3.0h	91.7	0.061①	37.7①	0.000	100.0	0.018	83.5	0.020	33.30	0.050
	4.0h	93.5	0.020	89.9	0.005	98.2	0.008	92.0	0.016	46.7	0.039

①分析有误。

从表 3-6 所列数据可知，铜的浸出率随浸出温度的升高与浸出时间的延长而提高，其中又以浸出温度对铜浸出率的影响更为显著。呈现的景况与中科院化工冶金研究所进行的试验结果一致。同时，加压氨浸过程所能有效回收的组分与浮选法有效回收的组分完全一样，都是矿石中的游离氧化铜及活性硫化铜，说明浮选过程中易选的组分就是氨浸过程中易浸出的组分。浮选过程中遇到的难选组分结合氧化铜与惰性硫化铜，在加压氨浸中也必须在提高浸出温度与延长浸出时间的条件下，才能有高的浸出率。

多次的加压氨浸试验结果都证明，对高氧化率、高结合率与含泥量较大的汤丹氧化铜矿石加压氨浸工艺技术上是有效的，可以提高铜资源的利用率，于是在东川黄水箐建设了规模为日处理矿石 10t 的中间试验厂及 100t 矿石规模的半工业试验生产厂。其工艺流程为：原矿的加压氨浸出—液固分离—铜氨溶液的加热蒸馏提铜，外加一个矿石的制备工序及产生蒸汽的锅炉房。工艺条件为：矿石磨细度 50% 小于 74μm（200 目）；矿浆液固比 1∶1；$NH_3+CO_2=85g/L+55g/L$ 或 $102g/L+66g/L$；浸出温度 120~145℃；浸出时间 2~4h；充空气压力 8~10atm（绝）。

由于当时用加压氨浸工艺处理难选氧化铜矿，在国内外尚无先例可供学习与借鉴，加上汤丹氧化铜矿石铜品位很低，在工艺条件的制定与设备选型上都把经济性放在了优先的位置上，于是便出现了工艺条件的经济性与所选设备运行的可行性之间的矛盾。如矿石磨细度确定为小于 74μm（200 目）部分占 50%，这虽能满足浸出过程中对铜浸出率的要求，但这一粒度偏粗的工艺条件，却对有关设备的运行增添了困难。如浸出用的多层空气搅拌高压釜的操作必须十分精细，各控制参数必须配合恰当，稍有不慎与波动，釜内便会出现粗砂沉积，如未能及时发现与调整过来，就会发生停机事故。这一磨矿偏粗的工艺条件，还在液固分离时只得进行矿浆的分级处理，粗级别的矿浆与细级别的矿浆各自选择适合的设备来进行处理，这不但增加了工艺流程的复杂性与困难，而且增加了有价成分的损失点，降低了各有价成分的回收率。而常用的操作费用较低的浓密机多级逆流洗涤流程与设备，最初都被排除在外，即使后来液固分离作业不得不回归到这一流程上，但浓密机内因粗砂沉降导致的阻力增加致使浓密机轴负荷加大至不能承受的地步。又如铜氨溶液的蒸馏提铜，为了使这一过程具有较好的经济性，选择了化工生产中具有多层水平塔盘的蒸氨塔作蒸馏设备，这种蒸氨塔虽然使 Cu、NH_3、CO_2 的蒸馏效果良好，蒸馏过程的液汽比可达 4 以上，而具有良好的经济效果，但这种具有多层水平塔盘的蒸氨塔，不能适应铜氨溶液蒸馏过程有氧化铜黏结设备的特性，故塔的操作周期一般仅为数十个小时。加压氨浸中出现的这些问题，通过人们的努力，也都提出了相应的解决方案，如使多层空气搅拌高压釜各部分结构尺寸的更加优化；液固分离中"矿浆粗细粒自分级浓密机"新设备的提出[9]，铜氨溶液"喷雾蒸馏"新工艺、新设备的提出与试验[10]，通过初步的试验都显示了良好的前景，但要达到投入工业生产中去实际应用的水平，还需一定的时间和金钱的投入去做进一步的完善工作。

　　加压氨浸工艺的有效性是此方法的一大优势，但工艺流程较为复杂，设备较多，能耗较高，试剂氨的挥发较大，伴生的贵金属不能与铜一并回收，尤其是原矿含铜品位低，使工艺制度的制定与设备的选择都受到经济性方面的一定制约。

　　在进行加压氨浸工艺提铜试验的同时，东川矿务局中心试验所的科研人员，还一直在为寻求更加科学合理、简单有效又经济合理的加工方案而进行着不懈的努力。为了解决氧化铜结疤妨碍蒸馏设备的连续作业问题，提出了用含硫试剂从铜氨溶液矿浆中沉淀铜后矿浆进行蒸氨及浮选回收铜的工艺方案，此方案后来逐步发展完善成为"加压氨浸—硫沉淀—浮选联合工艺处理难选氧化铜矿"的一种新的工艺流程和方法。对此工艺相继进行过小型试验及扩大试验，取得了较好的试验结果。本书不详细介绍此工艺的试验结果，如想详细了解此工艺的有关方面，可参阅文献［11］。

3.3　水热硫化—温水浮选试验所用试料的组成及性质

3.3.1　所用试料的由来及性质

　　用于水热硫化—温水浮选法加工处理的汤丹氧化铜矿石试料，是1973 年由昆明冶金设计院与东川矿务局共同研究确定，并获云南省冶金局批准的汤丹氧化铜矿 I～V 中段 B+C 级的代表性矿样，用作浮选与水冶的半工业对比试验用。共采取 1100t 矿量，其中平衡表内矿占 54.56%，表外矿占 45.44%，试料的化学分析结果列于表3-7，物相分析结果列于表3-8。

表 3-7 原矿试料的化学分析结果 （%）

试料号	Cu	S	As	Mn	Ge	Ag	CaO	MgO	SiO$_2$	Fe$_2$O$_3$	Al$_2$O$_3$
Ⅰ	0.61	0.059	0.41	0.288	0.00023	0.0001	24.52	16.68	18.10	1.54	1.40
Ⅱ	0.56						24.31	16.94	18.31	1.41	1.62

表 3-8 原矿试料铜物相分析结果 （%）

试料号	结合氧化铜		游离氧化铜		活性硫化铜		惰性硫化铜		总铜	氧化率
	含量	占有率	含量	占有率	含量	占有率	含量	占有率		
Ⅰ	0.198	32.00	0.282	45.53	0.109	17.62	0.30	4.85	0.619	77.53
Ⅱ	0.184	32.41	0.276	48.56	0.078	13.75	0.30	4.28	0.58	81.00

注：Ⅰ号试料为做水热硫化条件考查时分析，Ⅱ号试料为做人造硫化铜矿浮选条件考查时分析，两者均为同一大型试料中缩分得来。

该矿石试料代表了汤丹氧化铜矿Ⅰ~Ⅴ中段的矿石组成及性质，所含铜矿物中，仍以孔雀石为主，占氧化铜矿物的80%左右，其次为硅孔雀石，占20%左右。另有少量和微量的赤铜矿、蓝铜矿、自然铜、砷酸盐类矿物及水胆矾等含铜矿物。硫化铜矿物主要为斑铜矿、黄铜矿，其次为辉铜矿、铜蓝矿，还有少量砷黝铜矿。脉石矿物主要为白云石，占86%，其次为石英，占11%；还有少量的绢云母、泥质物及褐铁矿、黄铁矿等。

孔雀石与硅孔雀石的绝大部分呈极细网目状分散于白云石、石英、绢云母等脉石矿物的晶粒界面与颗粒间隙、解理及裂隙中，网目宽度一般为 0.015~0.002mm，最窄的仅为 0.0006mm，机械磨矿难以完全解离。还有相当数量的孔雀石和硅孔雀石高度分散在脉石中，将脉石染成不同程度的浅绿色。在普通矿相显微镜下，此种矿石不具有铜矿物的光学性质。因此，这种脉石含铜更难用机械磨矿来解离。另外，还有少量铜矿物如黄铜矿等被褐铁矿所包裹。由于汤丹氧化铜矿石的这些特点，用一般的硫化浮选法处理，难以获得理想的结果，因而用氨浸工艺处理这种氧化铜矿石进行了大量的试验研究工作。

3.3.2 元素硫粉的组成

水热硫化过程中加入的硫试剂，为磨细至 0.147mm（100 目）的元素硫粉，化学分析含硫 95%~96%，另含有少量的 As、Pb、Sb 等杂质。

3.4 试验过程及设备

由于当时水热硫化与人造硫化铜矿的浮选回收是一种全新的矿物加工工艺，国内外还未见过这方面的报道，因此，确定试验研究工作分为两个阶段进行：第一阶段，着重考查水热硫化条件对氧化铜矿物转化为硫化铜矿物的影响，此时需要用一个暂时固定的浮选流程与药剂制度来检定。第二阶段用第一阶段获得的最佳水热硫化条件来统一制备的人造硫化铜矿作为各种浮选条件试验的给矿，得出各种浮选条件效应下的铜的浮选回收率与精矿铜品位，同时也就获得了适宜水热硫化条件及适宜浮选条件下的试验结果。在此基础上进行综合性的闭路浮选试验，获得最后的水热硫化——温水浮选法的工艺技术指标。

水热硫化小型试验是在实验室的机械搅拌高压釜中进行的，高压釜用不锈钢加工制造，容积为 1L（见图 3-8）和 2L 的各一台，1L 釜主要用作水热硫化时使用。2L 釜主要在第二阶段的浮选时使用。高压釜内设有机械搅拌装置，转速为 400~700r/min，釜体外设有加热用电阻丝及保温的绝热层。釜内矿浆温度的高低是用置于釜外的变阻器来调节。2L 釜体内还设有蛇形管，在试验完成后可通水冷却矿浆。1L 釜因釜内容积小，而在釜体外壁装设冷却水套，釜盖上装设有压力计与温度计。

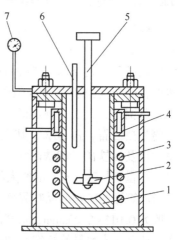

图 3-8　1L 水热硫化
高压釜结构示意图

1—釜体；2—搅拌叶轮；

3—加热电阻丝；4—冷却水套；

5—搅拌轴；6—温度计；7—压力计

试验时，将所需磨细度的原矿粉和小于 0.147mm（100 目）的硫黄粉混合加到高压釜内，再加入规定液固比下所需的水量，盖上高压釜盖，抽去釜内原有的空气，因影响很小，也可不抽，即可对矿浆进行加温，待釜内矿浆温度升至 100℃ 左右时开启高压釜的搅拌器，在搅拌下让矿浆温度升至规定的数值，即维持恒温让釜内生成的硫离子（S^{2-}）与矿石中的原有的铜矿物发生化学反应，此时釜内压力基本上为相应温度下水蒸气的压力。经过规定的反应时间后，停止加温，使釜内的矿浆自然冷却或通水换热降温至 80℃ 以下，即可将釜内矿浆取出送浮选回收其中的铜。

浮选试验是在 3L（粗、扫选）和 500g（精选）的浮选机中进行的。每次入选矿石 650g，粗选作业开始前，使用 80℃ 以上的热水将浮选机预热，开启搅拌器，倒入供浮选作业的矿浆，等矿浆的温度调整到 50℃±2℃ 时，加入浮选药剂，开始矿浆的调和与粗选作业，浮选过程中为使矿浆保持合适的温度与浓度，需要不断补充 50~60℃ 热水。第一阶段的水热硫化试验中，给定条件下的浮选流程及操作条件如图 3-9 所示。

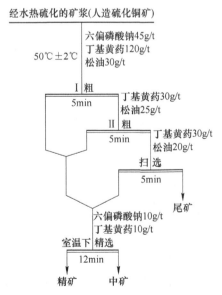

图 3-9 给定的开路浮选流程及药剂条件

3.5　水热硫化过程的影响因素

影响水热硫化的因素很多，主要有水热硫化温度、时间、硫量、矿石的磨细度、矿浆的液固比、搅拌强度、矿浆溶液 pH 值及设备的充满率等。

3.5.1　水热硫化过程的温度影响

水热硫化中需要加入一定的元素硫量。元素硫是疏水性物质，常温下不溶于水溶液，而在一定的温度下才能进行氧化还原反应（歧化反应），生成负 2 价的硫离子（S^{2-}）及正 6 价的硫离子（S^{6+}），后者与水结合为硫酸根离子（SO_4^{2-}）并被其中的碱性物质所中和。S^{2-}在一定的温度条件下才能与氧化铜矿物发生硫化反应，及与原生的硫化铜矿物如黄铜矿等发生活化反应，因此，矿浆被加热到一定的温度，是元素硫发生歧化反应及铜矿物与硫离子发生化学反应的前提，要使水热硫化过程发生的化学反应持续进行下去，也需要矿浆温度维持在一定高度来保证。试验结果显示，氧化铜转化成硫化铜的转化率与整个矿石中铜的浮选回收率都随水热硫化温度的提高而提高，见表3-9 和图 3-10。

表 3-9　水热硫化温度试验结果

水热硫化温度/℃	氧化铜的转化率/%	粗选精矿	
		铜品位/%	回收率/%
130	70.76	2.95	80.69
150	78.89	2.72	85.60
160	80.76	3.02	87.36
180	87.60	3.24	88.44
200	89.15	2.82	89.97

注：水热硫化其他条件：时间 2h；$L/S = 1:1$；硫量 $M_S = 1.47$ 倍；矿石磨细度 93% 小于 74μm（200 目）。

随着水热硫化温度的升高，氧化铜转化成活性硫化铜的转化率提高，铜的浮选回收率也随之提高。通过水热硫化处理，原有铜矿石的组成与性质发生了极大的变化，氧化铜矿物急剧地减少，利于浮选回

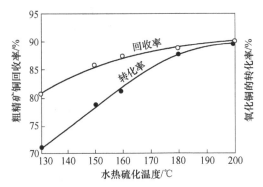

图 3-10　水热硫化温度与氧化铜转化率及粗精矿回收率之间的关系
（水热硫化条件：时间 2h；液固比 1∶1；
矿石粒度 93% 小于 74μm（200 目）；硫量 M_S = 1. 47 倍）

收的活性硫化铜矿物大大增加，铜矿物的浮游性获得了根本的改善，从而使铜的回收率得到了很大的提高，直到水热硫化温度提高到180℃时，氧化铜的转化率与铜的浮选回收率提高才变得较为缓慢，且两者逐渐接近。以汤丹氧化铜矿石为例，在 180℃ 的水热硫化温度下，经过 2h 的硫化处理，有 64% 以上的结合氧化铜转变成为活性硫化铜——人造铜蓝（CuS），有 90% 以上的游离氧化铜变成了人造铜蓝，整个铜的浮选回收率也提高到 90% 左右，加上水热硫化过程中其他条件的优化，氧化铜矿物与原生硫化铜矿物的转化还会有进一步的提高，只是在水热硫化的后期，铜矿物的转化率与回收率的提高变得缓慢而且十分接近。

经水热硫化处理，在铜矿物发生转化与铜回收率获得提高的同时，矿石中的脉石成分经水热硫化处理受到了显著的抑制，除铁元素外，浮选时进入产品的回收率大大降低，见表 3-10。

表 3-10　脉石矿物在粗精矿中的回收率对比

处 理 方 法	脉石矿物在粗精矿中的回收率/%						铜的回收率/%
	CuO	MgO	SiO$_2$	Al$_2$O$_3$	Fe$_2$O$_3$	Mn	
常规硫化浮选	18. 00	17. 59	14. 00	18. 64	24. 16	19. 58	64. 71
水热硫化—室温下浮选	12. 17	12. 28	10. 32	14. 41	26. 85	14. 17	84. 12

表 3-10 所列脉石经水热硫化后的浮选结果，是室温下进行浮选获得的，如果进行温水浮选，各脉石矿物的回收率还将有较大程度的降低。

3.5.2 水热硫化时间的影响

随着水热硫化时间的延长，氧化铜的转化率与铜的浮选回收率都相应获得提高。以汤丹氧化铜矿石为例，当水热硫化温度为 180℃，硫化时间为 2h，氧化铜的平均转化率为 88.44%，粗精矿铜的回收率达到 88.26%，粗精矿铜品位为 3.67%，将水热硫化时间延长至 4h，氧化铜的转化率提高至 92.68%，铜在粗精矿中的回收率提高至 92.19%，只是在浮选后期，由于主要是含铜脉石的连生体进入粗精矿，使粗精矿的含铜品位降低至 2.99%，结果见表 3-11。

表 3-11 水热硫化时间的影响

水热硫化时间/h	氧化铜转化率/%	粗精矿铜回收率/%	粗精矿铜品位/%	原矿铜品位/%	浮选尾矿铜品位/%
2	88.44	88.26	3.67	0.604	0.083
4	92.68	92.19	2.99	0.610	0.058

注：水热硫化其他条件：温度 180℃；L/S = 1 : 1；硫量 M_S = 1.47 倍；矿石细磨度 93% 小于 74μm(200 目)。

为了详细考查不同温度下硫化时间效应，以及给水热硫化扩大试验设备提供设计依据，曾用闭路浮选方式详细考查了水热硫化时间对最终浮选指标的影响，闭路浮选流程仍为二粗一扫选，精选流程为一精选，精选尾矿与扫选精矿合并返 Ⅰ 粗选。药剂总用量仍为丁基黄药 240g/t，六偏磷酸钠 65g/t，松油 74g/t。所获闭路浮选结果见表 3-12 和图 3-11。

表 3-12 水热硫化不同时间下的闭路浮选试验结果

水热硫化温度/℃	水热硫化时间/h	浮选精矿产品			原矿品位/%	尾矿品位/%
		产率/%	铜品位/%	回收率/%		
160	1	2.75	16.76	79.47	0.58	0.122
	2	2.70	16.70	81.98	0.55	0.110

续表 3-12

水热硫化 温度/℃	水热硫化 时间/h	浮选精矿产品			原矿 品位/%	尾矿 品位/%
		产率/%	铜品位/%	回收率/%		
160	3	2.47	18.50	83.08	0.55	0.096
	4	2.34	20.20	84.40	0.56	0.090
180	1	3.02	15.60	82.65	0.57	0.102
	2	2.66	18.35	85.63	0.57	0.083
	3	2.49	19.79	86.45	0.57	0.079
	4	2.44	20.08	87.49	0.56	0.072

注：水热硫化其他条件：$L/S=1:1$；加硫量 $M_S=1.47$ 倍；矿石磨细度小于 0.074mm（200 目）占 93%。

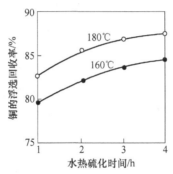

图 3-11 不同硫化温度下水热硫化时间与铜回收率的关系

试验的结果表明，在 160℃ 及 180℃ 的水热硫化温度下，铜的浮选回收率及精矿品位都随着水热硫化时间的延长而提高，而且有相当的规律性。

这是因为水热硫化时间的增长，水热硫化过程进行的化学反应越充分，新生成的硫化铜矿物就越多，浮选时进入精矿的硫化铜矿物也越多，同时还表明，水热硫化温度高的，在获得相同回收率的情况下，硫化的时间可以相应缩短一些，如图 3-11 所示。

3.5.3 元素硫粉加入量的影响及硫化剂的选择

水热硫化过程需要加入一定量的元素硫粉。元素硫是元素周期表中第Ⅵ主族元素（氧族），原子序数 16，相对原子质量 32.06，黄色固体。有结晶型和无定型两种，能稳定存在的是结晶型硫，结晶型硫有两种同素异形体：α 硫（斜方硫）及 β 硫（单斜硫），前者熔点为 112.8℃，后者熔点为 119.3℃。元素硫是疏水性物质，在常温下不溶于水，而在熔点温度以上才能进行氧化还原反应（即歧化反应）。

试验的结果证明，水热硫化过程中加入的硫，其走向有三个方面：

（1）与氧化铜矿石中的氧化铜矿物发生硫化反应，使各种氧化铜矿物转化为活性硫化铜矿物——人造铜蓝（CuS）；

（2）与矿石中的原有的硫化铜矿物，特别是原生的惰性硫化铜矿物，如原生的黄铜矿与斑铜矿等发生活化反应，由惰性硫化铜矿物转变成活性硫化铜矿物——人造铜蓝（CuS）；

（3）约占 25% 的元素硫被氧化生成硫酸根离子，最终被矿浆中的碱性物质所中和。

为了确定水热硫化过程适宜的加硫量，特把矿石中各种氧化铜矿物的总铜量全部转化为铜蓝（CuS）所需的硫量确定为 1 倍，并以 M_S 表示。当 $M_S < 1$ 时为加硫量不足，$M_S > 1$ 时为加硫量过剩。为了使水热硫化过程进行得良好与彻底，加硫量一般都要在 $M_S > 1$ 的范围。试验的结果表明，汤丹氧化铜矿石水热硫化过程适宜的加硫量见表 3-13 和图 3-12，$M_S = 1.4 \sim 1.5$ 倍。虽然加硫量 $M_S > 1.5$ 倍对氧化铜的转化率理论上没有影响，但由于矿浆溶液中存在大量过剩硫离子使铜的回收率反而下降。另外的试验结果表明，如果矿石的铜品位越高，其中的氧化铜量越大，水热硫化时加硫量 M_S 值可以向小于 1.5 倍的方向移动。

表 3-13　元素硫加入量试验结果

加硫量 M_S/倍	原矿含 Cu/%	氧化铜转化率/%	精矿		粗精矿	
			铜品位/%	回收率/%	铜品位/%	回收率/%
0.8	0.580	76.10	12.27	60.28	4.95	74.19
1.0	0.566	76.96	12.34	65.35	4.44	80.52
1.2	0.563	83.91	10.29	68.00	4.17	82.96

续表 3-13

加硫量 M_S/倍	原矿含 Cu/%	氧化铜 转化率/%	精 矿		粗 精 矿	
			铜品位/%	回收率/%	铜品位/%	回收率/%
1.4	0.578	89.13	11.20	79.89	4.21	86.88
1.6	0.568	86.96	13.38	74.49	4.59	84.70

注：水热硫化其他条件：180℃；2h；L/S＝1：1；矿石磨细度 94%小于 0.074mm （200 目）。

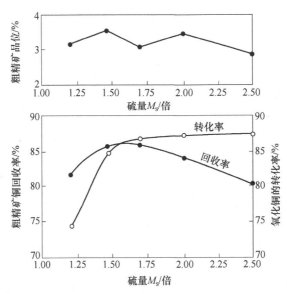

图 3-12　硫量与氧化铜转化率及粗精矿回收率的关系
（水热硫化条件：时间 2h；液固比 1：1，温度 160℃；
矿石粒度 73%小于 0.074mm（200 目））

在水热硫化过程中，元素硫的歧化反应是否有一个适宜的温度范围？无疑在一般情况下，歧化反应只能在元素硫的熔点以上才能进行，且需要一定强度的搅拌来分散。但也可在加入某种催化剂的作用下，降低其歧化温度，并加速反应的进行，中国科学院化工冶金研究所（现中科院过程所）曾在这方面进行过研究[13]。作者也曾在不含固体矿石而只含有 Cu^{2+} 的简单溶液中，加入元素硫进行过水热硫化沉淀 Cu^{2+} 的试验，由于除去了固体矿石的影响，该过程的直接效果主要决定于元素硫歧化反应的快慢，其结果列于表3-14。

表 3-14 Cu²⁺的沉淀率与温度的关系

沉淀温度/℃	Cu^{2+}的沉淀率/%	沉淀温度/℃	Cu^{2+}的沉淀率/%
120	93.00	160	98.44
140	98.80		

注：原液含 Cu^{2+} 3.2g，沉淀时间2h，硫量为化学计量的1.27倍。

Cu^{2+}被歧化反应产生的 S^{2-} 沉淀为溶解度很小的十分稳定的 CuS 化合物的多少，主要受元素硫在该系统反应温度下生成的 S^{2-} 数量多少的影响，因此，沉淀过程的适宜温度基本上代表了元素硫歧化反应的适宜温度。表3-14的结果表明，Cu^{2+} 被 S^{2-} 沉淀为 CuS 的温度以 140~160℃最好，这也可视为元素硫的歧化反应适宜的温度为 140~160℃。这一温度范围恰在氧化铜矿物需要硫化的温度范围内。因此，水热硫化过程所需的适宜温度，应该由氧化铜矿物被硫化转化为人造硫化铜矿物所需的适宜温度来决定。

选择硫黄粉作水热硫化的硫化剂，是因为硫黄为固体物质，性质稳定，易于运输和保管，也利于使用。硫黄粉比较纯净，品位高，带入的杂质少，使用时加入量也不多，易于计量和准确加入；价格也比较适中，比较经济。但有没有更好的试剂硫化物能与元素硫相比？为此，作者做了多种硫化物作水热硫化硫化剂的比较试验，包括浮选中常用的硫化钠及多硫化钠、硫化铵与多硫化铵以及固体磁黄铁矿精矿等。

3.5.3.1 硫化钠（Na_2S）作硫化剂的试验

硫化钠试剂取自工业纯的购进产品，水热硫化试验时，以固体形式加于矿浆中，加入量按硫化钠的含硫量计配，试验结果列于表3-15。

表 3-15 硫化钠作硫化剂的试验结果

硫加入量 M_S/倍	原矿铜品位/%	氧化铜转化率/%	精矿 铜品位/%	精矿 回收率/%	粗精矿 铜品位/%	粗精矿 回收率/%
0.8	0.553	77.61	9.70	67.03	4.97	73.07

硫加入量 M_S/倍	原矿铜品位/%	氧化铜转化率/%	精 矿		粗 精 矿	
			铜品位/%	回收率/%	铜品位/%	回收率/%
1.0	0.554	87.71	10.80	43.31	4.40	59.92
1.2	0.566	86.74	13.10	60.93	5.36	71.89
1.4	0.546	90.00	10.98	59.98	4.75	69.75
1.6	0.528	88.26	6.55	30.62	3.28	51.02

注：水热硫化其他条件：180℃；2h；$L/S = 1:1$；矿石磨细度94%小于74μm（200目）。

试验的结果说明，用硫化钠（Na_2S）作水热硫化的硫化剂时，浮选时铜的回收率及精矿品位都不高，可能是因为带入了钠元素的缘故。在水热硫化温度下，钠与铜发生了化学反应，生成了不利于选收的铜的化合物。同时，用硫化钠作硫化剂时，浮选时泡沫发黏，不如元素硫作硫化剂时浮选中泡沫清透，各相易于分离。因此，硫化钠不宜用作水热硫化的硫化剂。

3.5.3.2　多硫化钠（Na_2S_3）作硫化剂的试验

试验所用多硫化钠（Na_2S_3）是自制的，即用元素硫粉加于氢氧化钠水溶液中，并加热至水溶液的沸点温度下反应生成的。使用前分析测定生成的多硫化钠中是几个硫离子，使用时按含硫量计配加入到水热硫化矿浆中，试验结果列于表3-16中。

表3-16　用多硫化钠（Na_2S_3）作硫化剂的试验结果

硫加入量 M_S/倍	原矿铜品位/%	精 矿		粗 精 矿	
		铜品位/%	回收率/%	铜品位/%	回收率/%
1.0	0.626	6.45	66.58	3.58	83.90
1.2	0.652	7.70	65.11	3.91	85.52
1.4	0.534	8.85	73.09	3.36	83.09
1.6	0.564	9.80	74.94	4.51	83.80

注：水热硫化其他条件：180℃；2h；$L/S = 1:1$；矿石磨细度94%小于74μm（200目）。

用多硫化钠（Na_2S_3）作水热硫化的硫化剂时，铜的浮选回收率较使用硫化钠（Na_2S）时为好，这可能是 Na_2S_3 带入的钠元素量少了的缘故。可以预测，随着多硫化钠中硫原子个数的增加，如硫原子达到 5~6 个以上，氧化铜的水热硫化效果及铜的浮选指标可能还会有所改善，但仅就含 3 个硫原子的多硫化钠而言，仍不宜作为水热硫化过程的硫化剂。

3.5.3.3   硫化铵及多硫化铵作硫化剂的试验

硫化铵及多硫化铵是自制的，是将一定量的元素硫粉加入到含一定的氨浓度的水溶液中，在高压釜内升温至 140~160℃ 的条件下，搅拌反应 2h 生成的，待溶液温度降至室温后，取样测定其中的含硫量，并计算出硫化铵中含硫原子的个数，以确定生成的硫化铵产品的组成，水热硫化试验时，以溶液状态计配加入矿浆中，试验结果列于表3-17 中。

表 3-17   硫化铵及多硫化铵作硫化剂的试验结果

硫化铵类别	水热硫化时间/h	原矿铜品位/%	尾矿铜品位/%	精矿		粗精矿		备 注
				铜品位/%	回收率/%	铜品位/%	回收率/%	
$(NH_4)_2S$	2	0.567	0.064	14.58	80.25	3.09	90.18	开路选矿，各为两个试验平均值
	4	0.508	0.043	10.88	88.32	3.42	92.79	
	4	0.530	0.057	10.90	89.66			闭路选矿
$(NH_4)_2S_3$	2	0.545	0.060	13.56	86.01	3.86	90.31	开路选矿，为 4 个试验平均值
	4	0.520	0.053	10.45	90.23			闭路选矿

注：水热硫化其他条件：180℃；$L/S = 1:1$；$M_S = 1.5$ 倍；矿石磨细度 94% 小于 74μm（200 目）。

试验结果表明：水热硫化过程中加入硫化铵及多硫化铵时，尾矿含铜品位较低，铜的浮选回收率有一定提高。为了验证这一结果，曾进行多次的重复试验，并进行闭路选矿，证明铜的浮选回收率在开路选矿和闭路选矿情况下均可达 90% 左右，浮选时泡沫也很清透，十分容易操作，与元素硫作硫化剂时无异。唯精矿铜品位较元素硫作硫化剂时低。其可能的原因为硫化铵及多硫化铵是不够稳定的化合物，制成后在等待分析和用于试验的数天里，其中的硫含量难免有所变化，在进行水热硫化试验时，加硫量又是以溶液中的总硫量计算加入的，与直接用元素硫作硫化剂相比，有效的硫离子（S^{2-}）有所降低，而无效的硫离子则有增加，这些都有可能影响到水热硫化后的选矿指标。但因时间关系未做进一步的试验研究。

3.5.3.4 磁黄铁矿精矿作硫化剂的试验

磁黄铁矿精矿来源广，价格低廉，并可在一定温度下按下式离解出硫原子：

$$Fe_nS_{m+1} \longrightarrow Fe_nS_m + S$$

因此，如能直接用于水热硫化过程，可能会产生一定的经济效益。但试验的结果证明，只有经过长期日晒雨淋而受到充分风化作用的磁黄铁矿精矿，在水热硫化温度下才能有硫原子释放出来，而产出不久的新鲜磁黄铁矿精矿在水热硫化温度下能离解出的硫原子很少，故不能作水热硫化的硫化剂。

作为硫化剂的物质必须价格低廉，来源广；性质稳定；易于保存及运输，且使用方便；纯度高，用量少，效果显著；水热硫化后铜的浮选回收率要高，精矿质量要好。根据这些要求来衡量，还是以元素硫作水热硫化的硫化剂为佳。多硫化铵除了价格因素及性质不太稳定等缺点外，其效果也十分看好。

3.5.4 磨矿细度的影响

根据氧化铜矿石中氧化铜矿物大部分与脉石结合紧密，铜矿物嵌布粒度细微且高度分散的特点，要使铜矿物与溶液中的硫离子进行充分的接触与化学反应，使铜矿物具有尽可能高的解离度是很有必要的，必须使铜矿物暴露出一定的自由表面，试剂分子（水热硫化与浮选时）才能与铜矿物有接触和反应的空间。如果铜矿物被脉石矿物完全包裹在封闭的空间里，试剂分子单靠扩散产生的动力是不够的，即使在水热硫化中硫试剂的离子扩散进去将其硫化，浮选时也很难将其回收进入精矿。这就要求铜矿物具有充分的解离度，其办法就是将矿石进行细磨，特别是像汤丹氧化铜矿石那样的铜矿物粒度细微且高度分散，有的被脉石完全包裹等特点，适当的细磨就显得非常重要。在水热硫化中将汤丹氧化铜矿石磨细至小于 $74\mu m$（200 目）占到 93%左右就是基于这样的理由。但是，由于难选氧化铜矿石往往都是一些高氧化率与高结合率的氧化铜矿石，它们经受了深度的氧化，大都变得松软易脆，除含有相当量的原生矿泥外，磨矿过程中还会产生大量的次生矿泥，只有加工提取工艺能够克服矿泥产生的危害这一难题，通过矿石细磨以提高铜矿物单体解离度这一技术措施才有实现的可能，而水热硫化—温水浮选工艺在这方面显示了良好的前景。磨矿细度的试验结果列于表3-18。

表3-18 汤丹氧化铜矿不同磨细度的水热硫化—温水浮选试验结果

矿石磨细度		水热硫化主要条件		粗精矿		原矿铜品位/%	尾矿铜品位/%	备注
网目	占有率/%	温度/℃	时间/h	铜品位/%	回收率/%			
小于 74μm（200 目）	52.0	160	2	4.13	79.49	0.64	0.141	温水开路浮选
	73.0	160	2	3.48	83.77	0.64	0.114	
	90.0	180	4	3.94	87.20	0.597	0.088	
	93.0	160	2	3.27	86.50	0.64	0.094	
	95.0	180	4	2.37	89.86	0.584	0.076	
	100.0	160	2	2.47	89.34	0.64	0.081	
小于 38μm（400 目）	82.4	180	4	3.84	91.53	0.590	0.058	
	91.5	180	4	3.16	92.32	0.565	0.052	
	94.5	180	4	2.95	91.49	0.594	0.062	

试验的结果表明：铜的浮选回收率随矿石磨细度的提高而提高，对汤丹氧化铜矿石而言，磨矿细度达到小于 $38\mu m$（400 目）占 90%左右已是极限了，此时铜的浮选回收率可达92%左右，磨细度再提高，铜的回收率及精矿品位反而下降。在综合考虑各方面因素的情况下，决定在汤丹氧化铜矿的水热硫化试验中，矿石的磨细度

为小于 74μm（200 目）占 93% 左右已基本上能满足工艺上的要求。

　　矿石的磨矿是一项高能耗作业，磨矿细度的确定，以满足工艺上需要为原则，同时以矿石中铜矿物的结构特点及分布特性为依据。

　　将汤丹氧化铜矿代表性矿样磨细至小于 74μm（200 目）为 95% 时，铜在各粒级中的分布情况如图 3-13 所示。40μm 粒级中的铜分布最多，而 10μm 粒级中的含铜量最低。

　　将图 3-13 所示的矿样进行水热硫化后温水浮选，获得各粒级铜的回收率列于表 3-19 中。

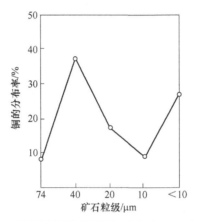

图 3-13　汤丹氧化铜矿石磨细至小于 74μm（200 目）
占 95% 时各粒级铜的分布率

表 3-19　汤丹氧化铜矿经水热硫化后各粒级铜的浮选回收率

处理方法	各粒级铜的回收率/%					
	>74μm	>40μm	>20μm	>10μm	<10μm	总量
常规硫化浮法		68.14	69.18	63.80	57.95	64.33
水热硫化—温水浮选法	73.65	88.80	85.42	89.92	88.56	86.72

　　可以看出，汤丹氧化铜矿石当磨到小于 74μm（200 目）部分为 95% 时，小于 74μm（200 目）部分各粒级铜的浮选回收率都在 85% 以上，唯大于 74μm（200 目）的粗粒级矿石，铜的浮选回收率在 75% 以下，这显然是这部分粗粒级矿中铜矿物的解离度还不够充分。因此，

欲进一步提高汤丹氧化铜矿石中铜的水热硫化浮选回收率，矿石的磨细度似应提高到小于 74μm（200 目）占 100%。

3.5.5 矿浆固体浓度的影响

水热硫化时的矿浆固体浓度，用矿浆中固体矿石占有的质量分数表示。水热硫化—温水浮选的试验结果示于图 3-14，由图可知，矿浆浓度从 30% 增加至 50%，铜的转化率及粗精矿铜品位略有提高，但铜的浮选回收率几乎没有变化，只有在矿浆浓度增至 50% 以后，铜的转化率与回收率略有上升。因为在水热硫化中，硫的加入量是一定的，矿浆浓度低，意味着溶液中的硫离子浓度受到了稀释，这对水热硫化反应并无好处。但矿浆浓度增高，如超过 60%，由于矿浆黏度升高，扩散阻力加大，便会影响到硫化反应的进行及搅拌动力的加大，因此，综合考虑决定水热硫化的矿浆浓度以 50%~55% 为宜，故

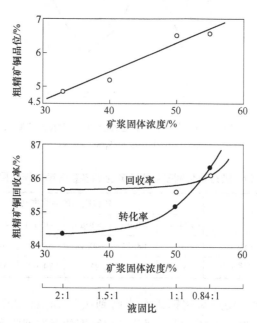

图 3-14   水热硫化矿浆浓度对氧化铜转化率及浮选回收率的影响
（水热硫化条件：时间 2h；温度 180℃；硫量 M_S=1.4 倍；
矿石粒度 93%~95% 小于 74μm（200 目））

进行水热硫化试验时，一般都采用 50%的矿浆浓度。但矿浆浓度的提高，对粗精矿铜品位的提高却表现出有利。

3.5.6 矿浆搅拌强度的影响

水热硫化作业与通常的湿法冶金浸出作业相似，都是在多相混合的矿浆体系中完成过程所需的反应。所不同的是水热硫化过程的生成物仍以固态形式存在于铜矿物的原有位置，而不像湿法冶金过程那样铜矿物中的铜被溶剂浸出进入溶液中。但为了使矿浆固体颗粒成悬浮状，需要对矿浆进行机械搅拌，而搅拌强度（或以搅拌器转速表示）对过程指标即铜的浮选回收率有一定的影响，而适宜的搅拌强度需要通过试验来确定。汤丹氧化铜矿水热硫化过程搅拌强度试验结果示于图 3-15 中，试验结果说明，水热硫化过程中对矿浆进行良好的搅拌是需要的。良好的搅拌可以提高铜的浮选回收率。

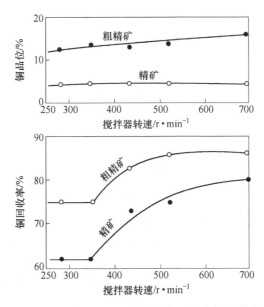

图 3-15 搅拌器转速对水热硫化浮选指标的影响

试验结果证明，对 1L 釜，搅拌器转速 400r/min 还稍显强度不够，只有搅拌器转速为 500r/min 时，才能使铜的回收率接近最高值，但因改动搅拌转速较为麻烦，故一般试验中 1L 釜的搅拌器转速都维持在 400r/min。

3.5.7 水热硫化矿浆溶液 pH 值的影响

试验研究发现，元素硫的歧化反应速度与溶液 pH 值有一定关系，当溶液 pH 值在 6 ~ 7.5 的范围时，元素硫的歧化反应速度与［OH］浓度成正比，当溶液 pH 值在 8.7 ~ 10 时，歧化反应速度与［OH］无关[6]。根据这一发现，可以加入少量 NH_4OH 来调整矿浆溶液的 pH 值。一般情况下，水热硫化都在矿浆的自然 pH 值下进行，即过程在接近中性的环境中作业，这除了不需要另外加入任何调整用物质，从而使过程操作十分简单，更重要的是过程中没有任何有害物质产生和外溢，对设备没有任何腐蚀作用，操作环境也十分清洁友好。

3.5.8 水热硫化作业的设备充满率

水热硫化作业不像加压氨浸过程要充入空气氧化硫化铜矿物，为了避免空气离釜时"带浆"造成设备的磨损与物料的损失，需要有较大的气液分离空间，因而设备的充满率较低。而水热硫化没有这一问题存在，因此高压釜的矿浆充满率可高达到 85% 左右，这使设备加工与操作的经济性能获得提高。

3.5.9 水热硫化过程的适宜条件

在完成了水热硫化各种影响因素的考查，即第一阶段的试验工作后，获得了进行水热硫化过程的适宜条件：温度 180℃；时间 4h；加硫量：$M_S = 1.4 ~ 1.5$ 倍；矿石磨细度：93% ~ 95% 小于 $74\mu m$（200目）；矿浆液固比：1:1；搅拌强度：搅拌器转速略大于 400r/min；矿浆溶液的 pH 值为各水热硫化条件下矿浆溶液的自然 pH 值。

在这些水热硫化条件下产出的人造硫化铜矿，有近 90% 的氧化铜矿物转化成为活性硫化铜矿物，其中结合氧化铜的转化率达 75% 以上，从而为下一步人造硫化铜矿的温水浮选中获得好的经济技术指标创造了条件。汤丹氧化铜矿中，铜矿物的粒度细微，呈高度分散状态，相当部分的氧化铜矿物与脉石的结合十分紧密，有部分被脉石包裹，经水热硫化后，虽然改变了这些铜矿物的属性，但未改变这些铜矿物的存在位置，成为活性的人造硫化铜矿物后，除了浮游活性获得了提升，还会呈现出别的什么特点？为此，试验工作进展到了第二阶段，即人造硫化铜矿的浮选回收。目的是要探索出适宜的工艺流程，浮选药剂的种类和使用制度以及各种因素的影响作用，确定适宜的浮选条件及工艺技术指标，提供出评价水热硫化—温水浮选这一新的工艺和新的方法的依据。试验包括了人造硫化铜矿的粗扫选、精选及闭路选矿三部分内容。

4 人造硫化铜矿浮选回收的试验研究

4.1 试验方法与试验设备

以第一阶段试验获得的适宜的水热硫化条件，作为制备人造硫化铜矿的固定条件，以此条件下产出的人造硫化铜矿作为浮选试验的入选试料。因此，与第一阶段试验时的情况相反，此时，水热硫化条件是固定的，浮选条件是变化的，为了满足浮选时 650g 供料的需求，水热硫化作业在 2L 釜内进行，其操作与第一阶段的试验相同，浮选用设备也与第一阶段所用的相一致。

4.2 人造硫化铜矿的组成、性质与浮选流程的初步拟定

在适宜的水热硫化条件下制备的人造硫化铜矿，组成及性质列于表 4-1。可以看出，原为高氧化率、高结合率的汤丹氧化铜矿石，经过 180℃下水热硫化 4h，已经人为地转变成了氧化率只有 10% 左右、结合率仅为 8% 左右，而难选的惰性硫化铜不足 5%，成为典型的人造硫化铜矿石了。接着用常规浮选硫化铜矿的方法来回收其中的铜及伴生的贵金属银，其优越性还需用浮选结果来证实。其中有什么规律和特点也需要通过浮选实践来发现。于是，首先拟定了如图 4-1 所示的人造硫化铜矿的开路浮选流程及药剂添加情况来进行研究探索。

表 4-1 人造硫化铜矿（入选试料）的物相分析结果 （%）

全铜	结合氧化铜		游离氧化铜		活性硫化铜		惰性硫化铜		总铜	氧化率
	含量	占有率	含量	占有率	含量	占有率	含量	占有率		
0.61	0.051	8.30	0.015	2.44	0.52	84.56	0.029	4.70	0.615	10.75
0.57	0.042	7.39	0.018	3.19	0.49	86.10	0.019	3.34	0.569	10.55

注：水热硫化条件：180℃；4h；$M_S = 1.47$ 倍；矿石细度 93%～95% 小于 74μm（200 目）；搅拌转速 400r/min。

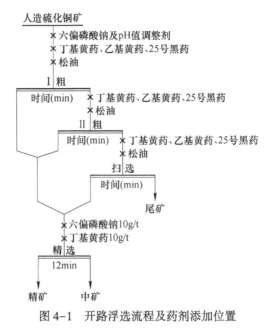

图 4-1　开路浮选流程及药剂添加位置

　　人造硫化铜矿分别进行二次粗选，一次扫选，产出的尾矿丢弃。粗扫选精矿集中进行一次精选，精选的条件固定为：添加六偏磷酸钠 10g/t，丁基黄药 10g/t 及精选温度 40℃，时间 12min。由于精选条件固定，粗精矿的精选作业指标则受粗选条件的影响。因此，在研讨精选指标（回收率与精矿品位）与粗选条件的关系时，有的也列出相应的粗选指标（粗精矿的回收率与粗精矿品位），以便显示开路浮选中粗选条件与精选作业的指标的关系。

4.3　人造硫化铜矿的粗、扫选试验

4.3.1　浮选矿浆温度对粗、扫选指标的影响

　　在生产状态下，矿浆是连续流动的。离开水热硫化作业的矿浆，带有相当多的热量，能否利用这一条件实行温水浮选，是首先遇到的技术课题，为此，需要进行试验探索。根据黄药性质与捕收剂发挥作用的适宜的温度范围，确定粗选温度范围为 20~60℃，Ⅱ粗及扫选的

矿浆温降用补加相应温度的热水进行调节。精选的初始温度固定为40℃，粗选试验的结果如图4-2和图4-3所示。

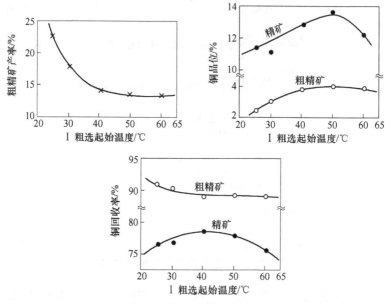

图 4-2　粗选矿浆温度效应

（药剂：丁基黄药 220g/t，六偏磷酸钠 45g/t，松油 81g/t；时间：18min）

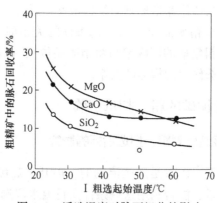

图 4-3　浮选温度对脉石组分的影响

试验的结果表明，随着粗选温度由室温（20℃）而提高的进程中，脉石被大量除去，精矿产率减少，铜品位大大提高，为获得高的铜回收率和产出优质精矿创造了条件。从粗、扫选作业回收率看，粗选温度提高至50℃，粗精矿（精矿+中矿）回收率较室温下的回收率约低2个百分点。

试验结果证明，水热硫化产出的热矿浆进行温水浮选是适宜的。当粗选温度由室温提高至50℃时，浮选过程的选择性大大提高，脉石矿物受到很大的抑制，粗精矿产率大大降低，产率由室温下浮选时的22.58%降低至50℃浮选时的13.49%，粗精矿铜品位则由2.4%上升到3.49%。脉石矿物CaO、MgO及SiO_2的粗选回收率都各自由室温下浮选时的21.5%、25.9%及14.28%，降至50℃下浮选时的13.2%、13.8%及6.0%（见图4-3）。由于粗扫选时大量脱除了脉石和微细矿泥，粗精矿比较纯净，为精选时铜的回收率及精矿铜品位的提高创造了条件。试验结果还显示，水热硫化后的矿浆实行温水浮选，还大大缩短了浮选前加药后的调和时间，室温下加入浮选药剂后，矿浆需要5min的搅拌调和才能正式开始浮选作业，而在50℃下加入浮选药剂后只需要1min的调和时间即可开始浮选，而且整个粗、扫选时间由室温下的40min缩短至50℃下的20min。

试验的结果表明，温水浮选的适宜温度：粗扫选为50℃，精选为40℃。温度过高，会引起黄药分解失效而使浮选指标下降。同时，这样的浮选温度还恰与水热硫化矿浆所带热量相平衡，而无须另外对矿浆进行加温。

4.3.2 入选矿浆浓度对粗、扫选指标的影响

试验结果示于图4-4中，可以看出，粗扫选时的矿浆固体浓度从20%增至30%，对粗扫时铜的浮选回收率及铜品位影响不明显，但粗精矿产率则随矿浆浓度的增加而略有增加。由于精选浮选机仍为同一设备，精选作业的矿浆浓度则随粗、扫选精矿量的加大而增加，这便使精选作业的分选效果恶化，精矿的回收率降低。试验的结果表明，在试验条件下，当粗、扫选的矿浆浓度为30%左右时，而精选时的矿浆浓度以20%左右为宜。在矿浆连续流动、矿石处理量相对固定的生产中，矿浆浓度的变化不大，其因矿浆浓度变化造成的影响

能够避免，精矿的回收率即可稳定。

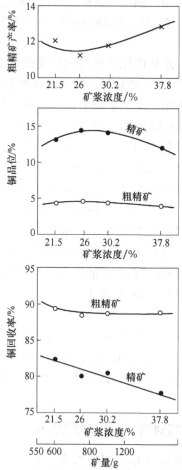

图 4-4 矿浆浓度对浮选指标的影响
（药剂：丁基黄药 220g/t，六偏磷酸钠 45g/t，松油 81g/t；
浮选温度：I 粗起始温度 50℃；浮选时间：18min）

4.3.3 粗、扫选时间的影响

试验结果示于图 4-5，氧化铜矿经水热硫化处理，并在浮选作业时实行温水浮选，其浮选速度大为加快，I 粗选仅进行 6min，铜即有85%左右进入粗选精矿，Ⅱ粗选及扫选仅回收4%~5%的铜金属。

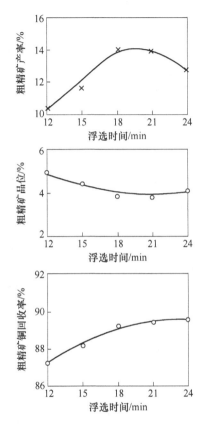

图4-5 粗、扫选时间与浮选指标的关系
（药剂：丁基黄药220g/t，六偏磷酸钠45g/t，
松油81g/t；浮选温度：Ⅰ粗起始温度50℃）

由图4-5所示结果看出，粗精矿产率随浮选时间的延长而显著增加，铜的回收率也随浮选时间的延长而提高。浮选总时间至18min时，粗精矿产率及铜的回收率都接近最高值。因此，粗扫选时间以18~20min即可。在现有磨矿条件下，想再延长浮选时间以提高铜的回收率的可能性不大。但需指出，难选氧化铜矿中，铜与

脉石往往形成紧密的结合，磨矿中成单体解离出来的铜矿物，经水热硫化后完全转变成了人造硫化铜矿物——人造铜蓝（CuS），这部分铜的硫化物浮选时很容易在短的时间内便进到了粗精矿，而在磨矿中未解离出来的或仍被脉石包裹的那部分铜矿物，即不易被浮选进入粗精矿中。因此，欲进一步提高铜的浮选回收率，对铜矿石进行细磨是一有效的途径。但磨矿是高能耗的作业，提高磨细度相应要增加生产成本，也必须在适宜的范围内才行。汤丹氧化铜矿石，即使矿石磨细到小于 $38\mu m$（400 目）达到 90%，也总有 8%左右的铜难以获得选收。因此，对一些影响条件的把握必须要做科学的对比。

不适当地延长浮选时间与提高磨矿细度都只会使粗精矿的产率增大，恶化精选指标，这也是一种不可取的做法。

4.3.4 捕收剂的选择及其用量的确定

丁基黄药、乙基黄药单独应用及丁基黄药与 25 号黑药以各种比例混合使用的试验结果表明，丁基黄药用于人造硫化铜矿的浮选回收，具有捕收力强和选择性好的优点，是一种经济有效的优良捕收剂。乙基黄药的捕收能力及选择性均不及丁基黄药，而丁基黄药与25 号黑药的混合药剂的捕收力略高于丁基黄药，相同用量下粗精矿铜的回收率可提高 2 个百分点，但选择性差，粗精矿产率增加的幅度较大，且浮选泡沫发黏，导致精选作业恶化，铜的回收率及精矿品位均下降。经用闭路浮选也证实仍具有此缺点。因此，对于人造硫化铜矿的浮选回收，仍以单独使用丁基黄药作捕收剂为好。丁基黄药单独用于粗、扫选的试验结果示于图 4-6。试验结果表明，丁基黄药用量从 140g/t 增加至 400g/t，粗精矿铜的回收率基本保持不变，粗精矿铜品位除用量为 140g/t 时略低外，其余用量下也无多大变化。可以认为，粗、扫选作业过程中，丁基黄药的总用量在 180~220g/t 的情况下已基本能满足要求。因此，在考查其他条件的影响中，丁基黄药用量均采用220g/t。由图 4-6 中还看出，随粗、扫选丁基黄药用量的增加，精选作业铜的回收率略有提高，这可能是供精选作业的粗精矿中带入的丁基黄药量有所增加的缘故。

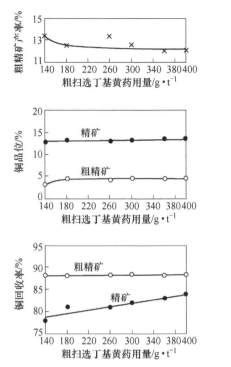

图 4-6 粗、扫选丁基黄药用量对浮选指标的影响

（其他药剂：六偏磷酸钠 45g/t，松油 97g/t；浮选温度：

Ⅰ 粗起始温度 50℃；浮选时间：15min）

4.3.5 粗选作业中六偏磷酸钠抑制剂的应用

六偏磷酸钠是一种作用较强的钙镁脉石抑制剂，在汤丹氧化铜矿石的浮选生产中表现出了较好的效果，但在汤丹氧化铜矿石成为人造硫化铜矿石后的浮选中是否还能产生有效的作用，这需要用试验来考查。试验的结果示于图 4-7。结果表明，粗选时未加入六偏磷酸钠，粗精矿产率为 18.34%，当加入 30g/t 的六偏磷酸钠后，粗精矿产率则降低为 16.1%，粗精矿的铜品位与回收率则基本保持不变。由于粗选中除去了较多的钙镁脉石，精选时，精矿铜品位则有较大幅度的提高，铜的回收率也略有上升。六偏磷酸钠在粗选中的合适用量为 30g/t 左右。

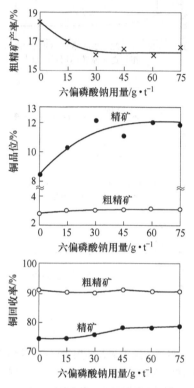

图 4-7　六偏磷酸钠用量对浮选指标的影响
（药剂：丁基黄药 220g/t，松油 81g/t；浮选温度：
Ⅰ粗起始温度 50℃；浮选时间：18min）

4.3.6　矿浆溶液 pH 值对粗选指标的影响

　　用硫酸和碳酸钠作调整剂，考查了粗、扫选矿浆溶液 pH 值对浮选指标的影响，结果示于图 4-8。由图可知，随着 pH 值逐渐升高，粗精矿产率有较显著的升高，粗精矿铜品位则逐渐下降，而粗精矿铜的回收率则略有升高，但除了粗精矿产率变化较大外，其他指标变化都不显著。因此，矿浆溶液 pH 值仍以接近中性的自然 pH 值为好，既不需另加物质进行调节，也使工艺作业操作简单，故在对氧化铜矿进行水热化及浮选作业的试验中，一律在矿浆溶液的自然 pH 值下进行。

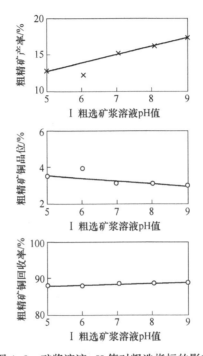

图 4-8 矿浆溶液 pH 值对粗选指标的影响

（药剂：丁基黄药 139+45+35＝219g/t，六偏磷酸钠 45g/t，

松油 32+27+22＝81g/t；浮选温度：Ⅰ粗起始温度 50℃；浮选时间：6+6+6＝18min）

4.4 粗精矿进行精选的试验研究

对人造硫化铜矿粗、扫选进行的一系列试验，获得了进行粗、扫选作业的适宜条件。从试验结果可知，粗、扫选作业后期，即扫选作业阶段，被捕收进入产物的，大多是铜矿物与脉石的连生体，且含泥量较大，铜品位很低，一般含铜只有 0.4%。因此，这种产物不宜直接与Ⅰ粗与Ⅱ粗产物合并进入精选作业，而以中矿形式返回到流程中的适当部位进行再选富集为好，这样可以避免较高品位的Ⅰ、Ⅱ粗选

产出的粗精矿被稀释与污染。为此确定了如图 4-9 所示的开路精选流程及药剂制度。

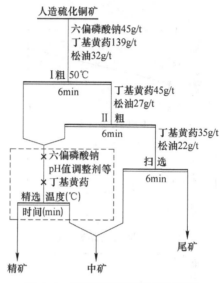

图 4-9　精选所用流程及药剂制度

（精选试验主要在虚线框内进行）

精选试验考查了矿浆温度效应、六偏磷酸钠的用量、丁基黄药用量、精选时间及矿浆溶液的 pH 值对精选指标的影响。这些因素对精选作业的影响与粗选时有相似之处，只是精选温度与六偏磷酸钠对精选铜的回收率及精矿铜品位的效应略为显著。

4.4.1　精选温度的影响

精选试验的结果表明，精选温度从室温升至 50℃ 时，精矿产率随温度升高而降低，精矿铜品位与铜的回收率则随精选温度的升高而升高，如图 4-10 所示，说明精选温度的升高使精选过程的选择性增强，从而为提高精矿铜品位和回收率创造了条件。脉石随温度升高的变化情况如图 4-11 所示，其中尤以 SiO_2 随温度升高发生的变化最为显著。

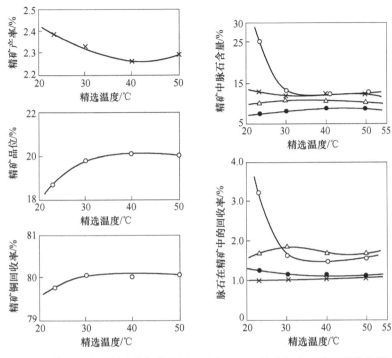

图 4-10　精选温度对精选指标的影响

（药剂：丁基黄药 10g/t，六偏磷酸钠 10g/t；

精选时间：12min）

图 4-11　精选温度对脉石组分的影响

●—CaO；　×—MgO；　○—SiO₂；

△—Fe₂O₃

4.4.2　精选中六偏磷酸钠抑制剂的应用

精选试验的结果示于图 4-12，结果表明，对含钙镁脉石高的汤丹氧化铜矿石，即使变成了人造硫化铜矿，浮选时也需要加入抑制剂六偏磷酸钠。六偏磷酸钠的加入量达到 40g/t 时，其精矿铜的回收率与品位都达到了最高值，分别提高了近 5 个百分点与 4 个百分点，效果相当显著。六偏磷酸钠在精选中的适宜使用量为 30~40g/t。

4.4.3　丁基黄药用量对精选指标的影响

丁基黄药使用量对精选指标有一定的影响，试验结果示于图 4-13 中。结果表明，随着精选中丁基黄药用量的增加，精矿产率有所

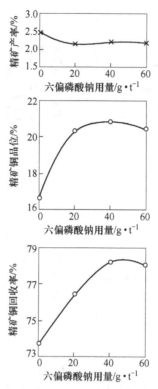

图 4-12 精选作业六偏磷酸钠用量对精选指标的影响
（药剂：丁基黄药 10g/t；精选温度：40℃；精选时间：12min）

升高，精矿中铜的回收率也有提高，但精矿铜品位却有所下降。说明精选后期进入精矿的物料是一些品位很低的连生体而非解离很好也很纯净的单体铜矿物，这与粗选后期的情况类似。

鉴于精选作业中，丁基黄药用量对精选指标的影响并非十分显著，因此在确定精选黄药的用量时宜遵循从紧原则。

4.4.4 精选时间对精选指标的影响

由于人造硫化铜矿的浮游活性很好，浮选速度很快，所需浮选时间很短，20min 左右便可完成精选作业，试验结果示于图 4-14。由图可知，浮选时间达到 14min，浮选精矿铜的回收率接近最高值，精矿铜

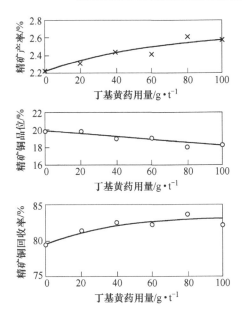

图 4-13 精选时丁基黄药用量对精选指标的影响

（其他药剂：六偏磷酸钠 10g/t；精选温度：40℃；精选时间：12min）

品位也趋稳定，达到含铜品位在 20% 以上，因此，为了获得高的精矿含铜品位及适宜的精矿铜回收率，精选时间确定为 12~14min。

4.4.5 精选作业矿浆溶液 pH 值的影响

精选作业时，矿浆溶液 pH 值对精选指标的影响结果示于图 4-15。由图可知，随着矿浆溶液 pH 值的升高，精选铜回收率提高，从工艺过程全面考虑，精选过程的矿浆溶液 pH 值，还是以供精选作业的粗精矿自然 pH 值为好。因为此时的粗精矿中，溶液的自然 pH 值为 6~7，对精选作业具有良好的适应性，同时，不对 pH 值进行调节，可以节省消耗，简化操作，获得的精选指标也比较适宜。

4.5 人造硫化铜矿的闭路温水浮选

人造硫化铜矿经过开路粗选与开路精选的试验，获得了适宜的粗、精选条件与浮选指标的关系，但浮选"中矿"的返回地点与精选次数还需要在闭路浮选的条件下才能得出结论。因此拟定了 1 号、

2 号及 3 号闭路浮选的流程及用药制度。

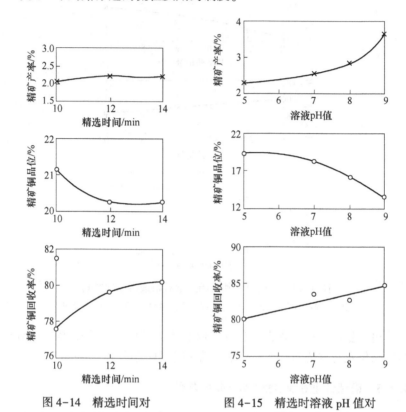

图 4-14　精选时间对
精选指标的影响
（药剂：丁基黄药 10g/t，六偏磷酸钠 10g/t；
精选温度：40℃）

图 4-15　精选时溶液 pH 值对
精选作业指标的影响
（药剂：丁基黄药 10g/t，六偏磷酸钠 10g/t；
精选温度：40℃；精选时间：12min）

试验结果列于表 4-2。

表 4-2　人造硫化铜矿温水闭路浮选试验结果　　（%）

流程号	流 程 特 点	精矿产率	铜品位			精矿铜回收率	备注
			原矿	精矿	尾矿		
1号	中矿返 I 粗，只进行一次精选	3.42	0.56	15.07	0.069	88.26	药剂品种及用量见图 4-16

续表 4-2

| 流程号 | 流 程 特 点 | 精矿产率 | 铜品位 | | | 精矿铜回收率 | 备 注 |
			原矿	精矿	尾矿		
2 号	二次精选，二精尾返Ⅰ精选，扫选精矿返Ⅰ粗选	2.44	0.56	20.08	0.072	87.49	药剂品种及用量见图 4-17
3 号	二次精选，二精尾返Ⅰ精选，扫选精矿返Ⅱ粗选	2.33	0.55	20.65	0.070	87.48	药剂同 1 号

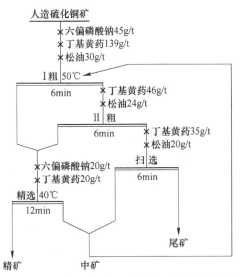

图 4-16 人造硫化铜矿闭路温水浮选 1 号流程及药剂制度

从闭路试验结果看到，只进行一次精选，精矿铜品位可达到 15% 左右，铜的回收率可达到 88% 以上，较进行二次精选铜的回收率仅提高 0.77 个百分点。进行二次精选，在浮选药剂相同的情况下，铜的回收率降低 1 个百分点，但精矿铜品位提高了 5 个百分点。因此，从提高精矿铜品位考虑，进行二次精选是有利的，此时铜的富集度达 36 倍之多，较未经水热硫化的原矿浮选的精矿品位提高了 12 个百分点，提高幅度是相当显著的。而扫选产物及Ⅱ精选尾矿返回位置影响效果则不明显。

精选所产精矿产品的化学组成及物相分析结果分别列于表 4-3 及表 4-4。从表中所列数据可以看到，进行二次精选，可以提高精矿

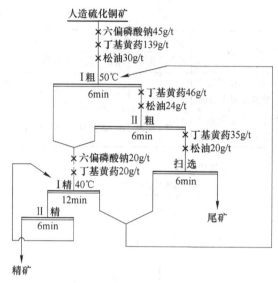

图 4-17　人造硫化铜矿闭路温水浮选 2 号流程及药剂制度

质量,除提高了精矿中铜的含量外,还提高了精矿中的硫含量,并除去了更多的脉石量,这些对精矿的进一步加工提取铜金属是很有好处的。

表 4-3　闭路浮选的精矿产品化学组成　（%）

流程编号	Cu	S	CaO	MgO	SiO₂	Fe₂O₃	Al₂O₃	As	Mn	备注
1 号	15.07	8.35	15.26	11.28	15.82	8.33				一次精选
2 号	20.08	10.65	11.61	8.48		10.12	2.28	0.170	0.34	二次精选
3 号	20.65	10.60	11.05	8.01	14.21	10.58	1.92	0.182	0.32	二次精选

表 4-4　闭路浮选精矿的铜物相分析结果　（%）

流程编号	结合氧化铜		游离氧化铜		活性硫化铜		惰性硫化铜		总铜
	含量	占有率	含量	占有率	含量	占有率	含量	占有率	
1 号	0.56	3.83	0.35	2.45	12.16	89.95	0.55	3.77	13.62
2 号	0.72	3.72	0.15	0.77	13.78	71.10	4.74	24.41	19.39
3 号	0.81	4.04	0.25	1.24	14.23	71.14	4.72	23.58	20.01

可以看出,闭路浮选产出的精矿中主要是铜的活性硫化铜矿物,

原氧化铜矿物经水热硫化后绝大部分已经转化为活性的硫化铜矿物而选入了精矿，其次是惰性硫化铜矿物也获得了明显的回收与富集。精矿的铜品位也达 20% 左右，高出原氧化铜矿石直接硫化浮选所获精矿铜品位十个百分点以上。

人造硫化铜矿石的闭路浮选最终丢弃的尾矿中铜物相分析结果列于表 4-5。

表 4-5　闭路浮选尾矿铜物相分析结果　　（%）

流程编号	结合氧化铜		游离氧化铜		活性硫化铜		惰性硫化铜		总铜
	含量	占有率	含量	占有率	含量	占有率	含量	占有率	
1 号	0.016	22.21	0.006	8.34	0.044	61.11	0.006	8.34	0.072
2 号	0.018	25.65	0.006	8.65	0.038	54.30	0.008	11.40	0.070
3 号	0.018	29.10	0.005	8.01	0.033	53.23	0.006	9.66	0.062

可以看到，人造硫化铜矿闭路浮选产出的尾矿中，活性硫化铜含量仍占了一半以上，说明原氧化铜矿中与脉石紧密结合的那部分铜矿物，或嵌布粒度细微或被脉石包裹的那部分铜矿物，虽然在水热硫化中与硫离子发生了硫化反应转变成了活性硫化铜矿物，但在浮选中仍有一部分不能进入精矿而最终丢失在尾矿中。同时，原矿中的结合氧化铜由于赋存状态特殊，也不是百分之百的都能在水热硫化中与硫离子接触和发生反应，浮选中更不能进入精矿而留在尾矿中，因此，结合氧化铜占了尾矿含铜量的 1/4 左右。

尾矿中活性硫化铜与结合氧化铜的损失量与水热硫化的效果有关，即与硫化温度有密切的关系，如图 4-18 所示。

将人造硫化铜矿的浮选尾矿置于普通的矿相显微镜下，已经见不到铜的氧化物，只能见到十分细微、粒度在 1.5~5μm 的硫化铜矿物——人造硫化铜蓝（CuS），多数还保持着水热硫化转化前氧化铜矿物的微细网脉结构（见图 4-19(a)）。还有一种情况是原氧化铜矿物虽在水热硫化中转变成了人造铜蓝矿（CuS），但因粒度一般只有 2~5μm，且绝大多数仍保持着原氧化铜矿物的显微分散结构（见图 4-19(b)），浮选时也难以进入精矿而留在了尾矿中。另外，尾矿中见到的斑铜矿多为 1~4μm 的脉石包裹体，见图 4-19(c)，大多保持着原有氧化铜矿物的结构状态，也难于在浮选中被回收而留在了尾矿中。

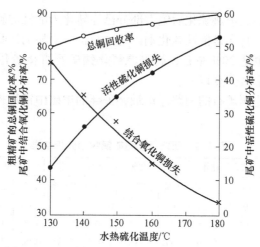

图 4-18 不同水热硫化温度的铜的浮选回收率及
浮选尾矿中的两类铜矿物的损失情况

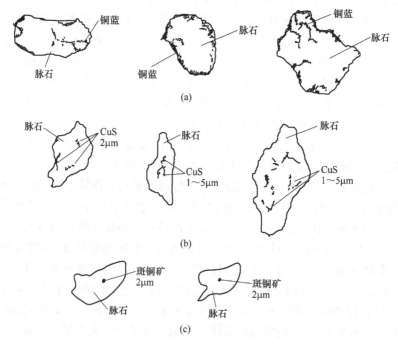

图 4-19 尾矿中见到的铜矿物结构示意图

4.6　进一步提高汤丹难选氧化铜矿水热硫化—温水浮选工艺技术指标的可能性分析

氧化铜矿经水热硫化处理，发生铜矿物性质改变，生成有利于浮选回收的人造铜蓝，从而进入浮选精矿，这是提高铜回收率的根本性技术措施，也是铜的浮选回收率得以提高的基础。因此，铜的浮选回收率与铜的转化率有着十分密切的关系，只有尽可能提高氧化铜矿物的转化率，才有提高整个铜浮选回收率的基础，如图 4-20 所示。影响铜水热硫化与浮选回收的因素较多，前已各自述及，其中还有余地的条件不多，现分述如下：

（1）进一步提高矿石的磨细度。鉴于汤丹难选氧化铜矿中铜矿物的性质特点与结构状态，适当提高磨矿细度是进一步提高铜矿物单体解离度的有效措施，是增加铜矿物自由表面的有效手段，从而增强提取试剂与铜矿物的有效接触，促进其反应的有效途径。以往的试验中，大多采用使矿石粒度达到小于 $74\mu m$（200 目）占 93%~95% 这一磨细度。但试验已发现，将磨矿细磨进一步提高至小于 $38\mu m$（400 目）占 91.5% 时，铜的水热硫化—浮选回收率可提高到 92.32%，粗精矿铜品位由 2.47% 提高到 3.16%，证明用提高矿石的磨细度来提高铜的回收率与精矿品位是有一定潜力的。

试验中还发现，当矿石磨细度为 93% 小于 $74\mu m$（200 目）时，矿

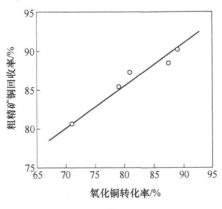

图 4-20　氧化铜的转化率与铜浮选回收率的关系

石中还有部分大于 74μm(200 目) 的矿粒存在, 这部分粒度稍大的矿石, 在水热硫化—温水浮选中的回收率只有 73.65%, 与小于 74μm (200 目) 各粒级中达到 85% ~ 90% 的铜回收率有较大差距, 这主要是这部分大于 74μm(200 目) 的矿粒中还有相当部分的铜矿物未被解离出来的缘故。因此, 将磨矿细度提高至全部通过 200 目筛来进一步提高铜的回收率是有一定可能的。

　　(2) 适当改进浮选流程结构与条件。如采用更高效的捕收剂来提高扫选作业铜的回收率是可能的。浮选产物精矿、中矿的镜下鉴定表明, 虽然已见不到铜的氧化物存在, 但却见有粒径为 2 ~ 5μm 的铜与脉石的连生体存在其中, 有的连生体铜矿物颗粒直径只有 1.5μm, 这种微细粒的连生体经水热硫化后的温水浮选中, 能够进入到中矿甚至精矿中, 说明水热硫化—温水浮选新工艺已经大大不同于原矿的常规硫化浮选, 这部分微细粒的连生体的可浮性已经获得了很大的提高, 可选别的矿粒尺寸已经有了很大的降低和扩展。实践证明, 这种微细粒的连生体有相当部分已经在浮选中进入了精矿产品, 这给人们以很大的启示, 即使铜矿物的连生体发生更多更好的单体解离, 浮选时必然会有更多的铜矿物进入精矿产品中, 也可以适当地延长扫选时间, 或在扫选作业阶段添加捕收力更强的捕收剂, 或将扫选产物与精选尾矿合并后单独再选, 富集成铜品位较低的第二种精矿产品等。这些措施都有可能进一步提高铜的回收率, 预计对于原矿铜品位只有 0.6% 左右的汤丹氧化铜矿石而言, 铜的粗精矿回收率达到 92% 已是一个不错的高指标, 要进一步提高铜的回收率, 就要进一步采取技术措施。但这种投入与产出的经济对比结果, 才是决定是否要进一步采取措施的依据。

　　(3) 关于精矿的铜品位。对于含铜只有 0.6% 左右的汤丹氧化铜矿石而言, 经过水热硫化处理和温水浮选中的二次精选, 使精矿铜品位达到 20% 左右, 已是一个不错的可以接受的结果, 如果要进一步提高精矿的铜品位就要增加精选次数, 这势必要降低一些铜的回收率, 要不要进一步提高精矿品位, 取决于这两方面后果的经济对比。试验中发现, 同样的温水浮选流程结构, 精矿的铜品位与入选的原矿铜品位有密切的关系, 入选矿石品位高的, 产出的精矿铜品位也高,试验结果如图 4-21 所示，可以看出，只要原矿铜品位为 1% 左右，精矿的铜品位即可达 20% 左右，如果原矿含铜为 2%，精矿铜品位即可达到 30%，因此，只要处理的原矿含铜在 1% 以上，便可产出优质精矿。

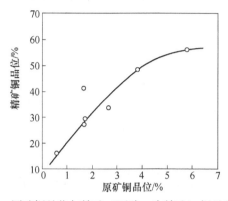

图 4-21　原矿铜品位与精矿（开路一次精选）铜品位的关系

5 水热硫化—温水浮选法 新工艺的适应性试验

对水热硫化—温水浮选法处理汤丹难选氧化铜矿 I ~ V 中段的正式试料进行了各种影响因素的深入探究，并取得良好的试验结果，但是，该新工艺对其他难选氧化铜矿是否也能显示其同样良好的效果还需要进行一定的适应性试验才能确定。首先从汤丹氧化铜矿本矿区的其他矿石试料开始进行试验研究。

5.1 汤丹难选氧化铜矿非正式试料的水热硫化—温水浮选试验

汤丹难选氧化铜矿非正式试料，其中一部分矿石是过去火法炼铜时丢弃的手选尾矿，一部分是汤丹铜矿勘探时期掘进时产出的附产矿石。这两部分矿石堆积在矿山表面已时间久远，风吹日晒雨淋，风化严重，铜的氧化率都在80%以上，含泥量也较大，结合氧化铜含量一般都大于30%，处理难度很高，铜的常规浮选回收率低于60%，精矿铜品位只能达10%左右，由于这种矿石性质并不能代表汤丹氧化铜矿整体矿石的特性，而把这种矿石用来作正式试验前进行的调整试车与打通流程之用，以节省正式试料，因而赋予这种矿石为"非正式试料"的名称。

将这种矿石磨细至小于 74μm（200 目）占93%；矿浆液固比为1：1；加硫量 M_S = 1.4 倍，经180℃的水热硫化温度下硫化4h，之后进行温水浮选，试验条件与正式试料的基本相同，获得了如表5-1所列的结果。

用水热硫化—温水浮选工艺处理汤丹难选氧化铜矿的非正式试料，套用正式试料试验时的流程与条件，也取得了良好的试验结果：铜的回收率提高了二十多个百分点，精矿铜品位提高了十多个百分点，说明此新的工艺方法具有很高的有效性与良好的适应性。

表 5-1 非正式试料的水热硫化—温水浮选试验结果

矿样	原矿主要特性/%			水热硫化—温水浮选试验结果/%				浮选药剂数量/g·t⁻¹		
	铜品位	氧化率	结合氧化铜	精矿产率	精矿铜品位	精矿铜回收率	尾矿铜品位	丁基黄药	六偏磷酸钠	松油
1	0.96	81.40	35.00	3.51	23.61	86.32		360	100	80
2	0.81	86.60	30.10	3.12	22.26	85.74	0.12	240	65	74

5.2 汤丹矿东部矿石与马柱硐地表矿石混合矿样的水热硫化—温水浮选试验

根据生产发展的需要，东川矿务局在 20 世纪 70 年代建设了汤丹矿选厂，准备将汤丹矿东部矿体矿石与马柱硐矿地表矿石进行早期开采，供应汤丹矿选厂用常规硫化浮选工艺（包括使用新的高效浮选药剂）处理。在选厂建设时期，采取了矿样进行浮选与加压氨浸工艺的处理试验，作者也对此混合矿样进行了水热硫化—温水浮选法处理的考查。

该混合矿样含铜品位较汤丹矿代表性试料略高，而氧化率与结合率略低。脉石中钙、镁化合物含量接近，而二氧化硅含量则较高，矿泥含量也不少，加工处理仍是有相当难度，矿样的组成见表 5-2。

表 5-2 汤丹东部与马柱硐混合矿样组成（1978 年）　（%）

铜品位	氧化率	结合氧化铜	SiO_2	CaO	MgO	Fe_2O_3	Al_2O_3
0.68	75.57	31.54	29.98	20.78	13.09	2.72	2.39

对此组成的混合矿样，用常规硫化浮选法处理，在使用常用浮选药剂的基础上，添加了东川矿务局中心试验所新研制的高效调整剂——乙二胺磷酸盐后，取得了铜的浮选回收率 71.48%、精矿铜品位 9.18%、精矿产率 5.1%、尾矿含铜 0.197%的最高指标。此混合矿样用水热硫化—温水浮选新工艺处理，在将矿石磨细至 94%小于 74μm(200 目)，液固比 1∶1，加硫量 M_S=1.4 倍的情况下，180℃下

水热硫化 4h，之后进行温水浮选，使用常用药剂丁基黄药 240g/t，六偏磷酸钠 80g/t，松油 74g/t，铜的浮选回收率 84.3%，精矿产率 2.95%，精矿铜品位 19.43%，尾矿含铜降至 0.113%。较常规硫化浮选法处理铜的浮选回收率提高 12.81 个百分点，精矿铜品位提高 10.25 个百分点，浮选药剂品种减少，用量大幅下降，工艺流程也获得简化。

需要说明的是，在水热硫化—温水浮选工艺的适应性试验中，所用试验条件都是参照汤丹难选氧化铜矿正式试料的适宜条件人为确定的，对试验用矿石不一定是最合适的，因此所获结果也不一定是最佳的结果。

5.3　汤丹矿东部矿石与马柱硐地表矿石混合矿样的水洗矿泥的水热硫化—温水浮选法处理试验

东川矿务局中心试验所的科研人员，为了提高汤丹矿东部矿石与马柱硐地表矿石的常规硫化浮选回收率，对此矿样进行了洗矿脱泥浮选的试验研究。将上述矿石破碎到 50cm 大小时，用水洗脱除其中小于 74μm(200 目) 部分的矿泥，这部分矿泥占整个矿石量的 10%，金属量占 12.6%。用其做水热硫化—温水浮选试验，它的粒级组成与粒级含铜见表 5-3。

表 5-3　矿泥的粒级组成与粒级含铜

粒级/mm	产率/%	含铜品位/%
0.040~0.074	34.29	0.69
0.020~0.040	31.16	0.68
0.010~0.020	14.19	0.77
<0.010	20.36	1.41

矿泥的化学组成列于表 5-4，铜物相分析结果列于表 5-5。

表 5-4　矿泥的化学组成分析结果

元素或化合物	Cu	SiO_2	CaO	MgO	Fe_2O_3	Al_2O_3
含量/%	0.86	35.78	15.69	10.16	4.15	5.00

表 5-5 矿泥的铜物相分析结果

粒级/mm	矿泥含铜/%	结合氧化铜 含量/%	结合氧化铜 占有率/%	游离氧化铜 含量/%	游离氧化铜 占有率/%	活性硫化铜 含量/%	活性硫化铜 占有率/%	惰性硫化铜 含量/%	惰性硫化铜 占有率/%	矿泥铜的氧化率/%
混合矿泥	0.86	0.46	52.81	0.32	36.74	0.031	3.55	0.060	6.90	89.55
0.040~0.074	0.69		42.75		39.85		8.70		8.70	82.60
0.020~0.040	0.68		56.30		29.63		3.26		10.81	85.95
0.010~0.020	0.77		61.12		26.01		2.47		10.40	87.13
<0.010	1.41		65.94		22.46		1.74		9.86	88.46

由表 5-5 所列数据可知，随矿泥的粒级由粗变细，铜的品位、氧化率以及结合氧化铜含量由低变高，惰性硫化铜含量也略有升高，而游离氧化铜的含量却随粒度变细而减少，如图 5-1 所示。

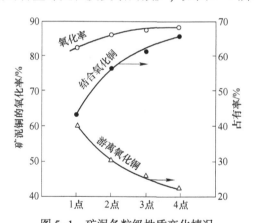

图 5-1 矿泥各粒级性质变化情况

1 点—0.040~0.074mm 粒级；2 点—0.020~0.040mm 粒级；
3 点—0.010~0.020mm 粒级；4 点—<0.010mm 粒级

对这种氧化铜矿泥，除前述铜矿物发生的变化外，脉石中的 SiO_2 较原矿石有所增加，碱性的 CaO 及 MgO 则有所降低。对于这样组成的氧化铜矿泥，进行常规硫化浮选处理，铜的回收率仅达到 33.14%，精矿铜品位只有 7.17%，浮选药剂的用量却很大：丁基黄药 1100g/t，硫化钠 6800g/t，水玻璃 500g/t，六偏磷酸钠 500g/t，乙二胺磷酸盐 200g/t，松油 90g/t。用加压氨浸法处理，在浸出液含 NH_3 102g/L，CO_2 66g/L；矿浆 L/S = 1∶1；矿浆固体浓度 50%；充空气 5atm 的条件下，于 140℃ 的矿浆温度下热压浸出 2h，铜的浸出率达到 73.93%。而用水热硫化—温水浮选法处理，硫化温度 180℃；矿浆 L/S = 1∶1；加硫量 5.5kg/t；硫化时间 4h，之后进行温水闭路浮选（工艺流程见图 5-2），铜的回收率达到 79.31%，精矿铜品位为 14.36%，尾矿含铜为 0.187%，较常规硫化浮法铜回收率提高 46 个百分点，精矿铜品位提高 7.19 个百分点，铜的回收率也高出加压氨浸出率 5 个多百分点。水热硫化—温水浮选新工艺流程较简单，药剂消耗也少，操作也简单平稳。

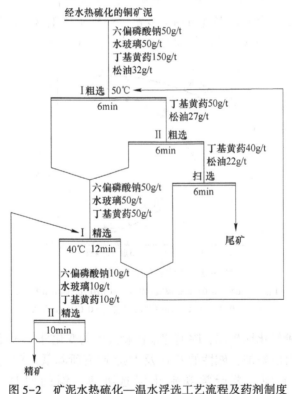

图 5-2 矿泥水热硫化—温水浮选工艺流程及药剂制度

对这种氧化铜矿泥，几种加工方案的试验结果列于表 5-6。

表5-6　矿泥用不同加工方案的试验结果　　　　（%）

处 理 方 法	精矿铜品位	浮选铜回收	加压氨浸铜浸出率
常规硫化浮选法	7.17	33.14	
加压氨浸法			73.93
水热硫化—温水浮选法	14.36	79.31	

矿泥对矿物加工过程的影响，是国内外至今没有得到良好解决的技术难题，水热硫化—温水浮选法处理氧化铜矿泥取得好的效果，为解决这一难题开辟了一条新的途径。而且工艺流程简单有效，所用试剂来源广，供应充足，价格适中；操作容易，对环境友好，使那些含泥量大的难选氧化铜矿石的处理与回收利用成为可能，是对矿物加工技术的一大推进。

至此，对汤丹难选氧化铜矿石的水热硫化—温水浮选法处理，从正式试料、非正式试料及至最难处理的原生矿泥，加工处理试验均取得了良好结果，证明水热硫化—温水浮选新工艺是十分有效的，对汤丹难选氧化铜矿石的适应性也是极其良好的。

东川铜矿区除汤丹难选氧化铜矿外，还分别埋藏着一些性质各异的氧化铜矿石，有难选的，也有易选的，水热硫化—温水浮选法对它们是否也能适应？这是值得进行一些探索的。因此，作者采集了两种不同性质的矿样进行了试验，以对该法的适应性做进一步的考查。

5.4　落雪矿低氧化率、低结合率铜矿石的水热化—温水浮选法处理试验

落雪铜矿是东川矿务局所属的一个大型矿山，所产矿石含铜品位较汤丹铜矿的高，而氧化率与结合氧化铜含量却低很多，是一种易选的铜矿石。已建有大型的选矿厂进行着工业生产。矿石含铜品位0.78%，氧化率37.13%，结合氧化铜含量为12.03%。工业生产中用常规硫化浮选法处理，在使用新型调整剂乙二胺磷酸盐的情况下，铜的浮选回收率达到79.51%，精矿铜品位为17.18%。将此铜矿石磨细至74μm（200目）粒级占95%，加入硫黄量$M_s = 1.4$倍，矿浆液固

比 1∶1，在水热硫化温度 180℃ 的条件下，硫化处理 2h，然后矿浆进行温水浮选，铜的浮选回收率达到 90.6%，精矿铜品位达到 21.1%，尾矿铜品位降至 0.077%，铜的富集度达到 27 倍。铜的回收率提高了 11 个百分点，精矿铜品位提高了 3.92 个百分点，而药剂消耗（g/t）仅为：硫黄粉 2100；丁基黄药 240；六偏磷酸钠 65；松油 74。

水热硫化—温水浮选法处理低氧化率、低结合率的易选氧化铜矿石的试验证明，该工艺的适应性良好，即使对被认为是正常而良好的工业生产过程，如果采用水热硫化—温水浮选新工艺处理，铜的回收率仍可以提高十个以上的百分点，精矿质量也可获得进一步的提高与改善，而且药耗降低，对环境也十分友好，对资源的回收利用可进一步提高。

5.5   东川杉木箐氧化铜矿石的水热硫化—温水浮选试验

杉木箐铜矿是东川矿务局所属的一个富铜氧化矿，由于氧化程度很高，铜矿石的氧化率达 87.69%，结合氧化铜含量达 57.64%。铜矿物以硅孔雀石为主，占了铜矿物的 85%，铜品位为 5.78%，是东川一个少有的富铜矿。脉石中 SiO_2 含量达 53.56%，CaO 为 1.05%，MgO 为 3.06%，Fe_2O_3 为 6.58%，Al_2O_3 为 12.86%，是一个矿石性质与汤丹氧化铜矿大不相同的氧化铜资源。

铜矿物中，硅孔雀石呈胶体及碎片状聚集体，分布在石英、长石、绢云母、白云石、黑云母及绿泥石的间隙，呈网脉状或被膜状分布。脉宽一般为 0.03~0.10mm，最窄的为 0.01mm。铜矿物中其次为孔雀石，占 15% 左右，呈柱状与针状集合体，与硅孔雀石伴生，粒度一般为 0.05~0.01mm，最小的为 0.001mm。脉石为灰色、浅红灰色及暗绿灰色的角岩、蚀变石英岩和板岩。

该矿石试料用常规硫化浮选法处理，精矿铜回收率为 59.12%，精矿铜品位 10.06%，只有将浮选矿浆 pH 值调整到 9 时，才获得了较好的效果，铜的回收率达到 70.97%，精矿铜品位为 11.68%，但尾矿含铜仍有 2.84%。由于尾矿含铜仍很高，用常规浮选法处理很不相宜。

该矿石试料用水热硫化法处理，在矿石磨细至 95% 小于 74μm（200 目）；矿浆液固比 1∶1；硫黄加入量 $M_S = 1.0$ 倍；水热硫化温度 200℃下硫化 2h, 之后生成的人造硫化铜矿物进行开路温水浮选, 精矿铜回收率为 87.14%, 精矿铜品位为 55.6%。粗精矿（精矿+中矿）铜的回收率为 96.36%, 粗精矿铜品位为 30.97%, 尾矿含铜降至 0.268%。浮选药剂用量：水玻璃 100g/t, 六偏磷酸钠 60g/t, 丁基黄药 400g/t, 松油 113g/t。

试验的条件仍是参照汤丹氧化铜矿正式料的试验一次性地人为拟定的, 不一定是最宜条件和最佳试验结果。从试验情况看, 试验条件与结果都可有一些变动的余地, 如水热硫化温度可降低到 180℃下进行。

仅以此次水热硫化—温水浮选法的试验结果比较常规硫化浮选指标, 精矿铜品位提高了 45.54 个百分点, 精矿铜回收率提高了 28.02 个百分点, 如以粗精矿计, 粗精矿铜品位提高了 20.91 个百分点, 粗精矿铜回收率提高了 37.29 个百分点, 效果是十分显著的。

水热硫化—温水浮选法对东川汤丹氧化铜矿各部分的含铜矿石及东川矿区中性质各异的含铜物料进行的适应性试验结果表明, 工艺技术指标都获得了大幅度的提高, 浮选药剂的耗量都有显著的降低, 证明此新工艺方法具有很高的有效性和极其良好的适应性。然而, 此新的工艺方法对我国其他省区的难选氧化铜矿石的适应性又如何？为进一步取得这方面的数据, 作者又采取了其他地区几种难选氧化铜矿试料进行了一定的考查。

5.6 广东石菉难选氧化铜矿石的水热硫化—温水浮选试验

广东省阳春石菉铜矿, 是我国一个少有的富铜矿, 因为矿区断裂发育, 矿石氧化程度很深, 原生矿泥量较大, 铜的结合率较高, 因而用一般常规浮选法处理很难奏效。采用一段回转窑离析—浮选工艺处理其中含铜 2%~3% 的铜矿石, 精矿铜品位可达 25%, 铜的浮选回收率仅为 73% 左右。同时, 随着矿石的不断开采, 富铜矿逐渐减少, 矿石铜品位越来越低, 要保证供应含铜 2%~3% 的铜矿石越来越困难, 原有的经济效益也难以维持。另外, 随着矿石铜品位的降低, 矿石性质也有所变化, 脉石中氧化钙的含量也越来越高, 对离析—浮选工艺造成不利影响。试验与生产实践都已证明, 离析—浮选工艺的指标都随矿石中氧化钙含量的增加而降低。由于这两方面的原因，可以预料石菉铜矿的离析—浮选工艺将会出现技术经济方面的困难。为了考查水热硫化—温水浮选新工艺的有效性与适应性，于20世纪80年代初，采取了石菉氧化铜矿低铜高钙矿石，进行了水热硫化—温水浮选处理的初步试验。结果表明，水热硫化—温水浮选仍然对这种铜矿石的处理具有高的有效性与适应性，也是处理石菉氧化铜矿所产出的各类矿石的可供选择的一条新途径。

5.6.1 水热硫化—温水浮选试验用矿石性质

试验用矿石是石菉铜矿产出的还未被当时生产所用的矿石，含铜品位1.74%，氧化钙含量4%，由于矿石受到深度氧化，氧化率在80%以上，结合氧化铜为18.69%，含泥量也较大。

该矿石试料经镜下鉴定，铜矿物主要为孔雀石和蓝铜矿，次为硅孔雀石，含有少量硫化铜矿物，主要是黄铜矿、辉铜矿及斑铜矿，还有微量的自然铜。

从矿石性质来看，用该矿现行的一段离析—浮选工艺处理这种矿石，难以产生好的经济技术效果，用常规的硫化浮选工艺处理也无能为力，是石菉铜矿一种较难处理的氧化铜矿石。

5.6.2 水热硫化—温水浮选试验的初步结果

将上述矿石试料磨细至小于74μm(200目)占89.5%，在液固比2∶1，加硫量$M_S = 1.5$倍的条件下，经160~180℃的水热温度下，硫化反应2h，然后矿浆进行温水开路浮选，获得如表5-7所列的试验结果。

表5-7 石菉低铜高钙氧化铜矿石的水热硫化—温水浮选试验结果

水热硫化温度/℃	原矿铜品位/%	精选指标/%			粗选指标/%				药剂耗量/g·t⁻¹		
		产率	铜品位	铜回收率	产率	铜品位	铜回收率	尾矿品位	水玻璃	丁基黄药	松油
160	1.73	4.49	30.7	79.90	14.16	10.12	83.06	0.34	70	300	80
180	1.74	4.85	29.1	81.14	15.17	9.73	84.88	0.31	70	300	80

180℃下的水热硫化—温水浮选结果，较原矿的常规硫化浮选指标，铜的回收率提高 22 个百分点，铜精矿品位提高 21.8 个百分点。

从试验结果分析，水热硫化矿浆液固比，似应为 1：1 较宜，硫化时间可延长至 4h，矿石磨细度可增至 95%以上小于 74μm（200 目）为好。硫黄加入量及浮选药剂用量则可适当降低。

5.7 湖北铜绿山氧化铜铁矿的水热硫化—温水浮选试验

铜绿山铜矿属硅卡岩型铜铁共生矿床，矿石含铜品位较高，平均为 2%~3%，并伴生有金、银等贵金属。脉石中铁矿物达 80%，提铜后可作为炼铁原料。但铜铁矿石氧化率高，含泥量大，铜与铁的结合紧密，性质复杂，处理比较困难。用常规硫化浮选处理，铜的回收率及精矿铜品位都较低，如原矿含铜 2.74%，铁品位 46%~48%，获得的最佳铜浮选回收率 78.87%，精矿铜品位 16.75%，尾矿含铜 0.664%。浮选药剂消耗量：硫化钠 7527g/t，丁基黄药 833g/t，松油 1080g/t，羟肟酸钠 370g/t[14]。

由于用常规硫化浮选法处理，铜的回收率及精矿品位都较低，尾矿含铜量较高，不能作炼铁原料出售。加上药剂耗量大，经济可行性较差，该矿只得将一百多万吨难选矿石堆存于露天，等待寻求新的处理途径。

为了进行水热硫化—温水浮选法的适应性试验，作者于 1981 年参加了全国第一届化学选矿学术会议后，亲自去铜绿山矿，采取了该矿三种含铜品位、氧化率、结合氧化铜含量与含泥量有所差别，因而处理难易程度不同的矿石试料，进行了水热硫化—温水浮选试验。试料的化学组成见表 5-8，铜物相分析结果见表 5-9。

表 5-8　试料的化学分析结果　　（%）

试料号	Cu	S	TFe	CaO	MgO	SiO$_2$	Al$_2$O$_3$	Mn
I	3.85		37.61	0.47	0.52	29.92	8.62	
II	2.66	0.630	41.04	2.29	0.99	20.06	3.69	0.44
III	1.68	0.104	33.75	2.65	0.44	27.70	6.24	0.28

表 5-9 试料的铜物相分析结果 （%）

试料号	总铜	结合氧化铜		游离氧化铜		活性硫化铜		惰性硫化铜		氧化率
		含量	分布率	含量	分布率	含量	分布率	含量	分布率	
Ⅰ	3.897	0.220	5.65	3.130	80.32	0.107	2.74	0.44	11.29	85.97
Ⅱ	2.722	0.340	12.49	1.740	63.92	0.202	7.42	0.44	16.17	76.41
Ⅲ	1.688	0.248	14.69	1.070	63.39	0.090	5.33	0.28	16.59	78.08

注：Ⅰ号试料是该矿产出的一种易选矿石；Ⅱ号试料是一种处理难度中等的矿石，也是现行生产用矿石；Ⅲ号试料是该矿处理难度最大的铜铁矿石，当时正在进行适宜加工途径的试验研究。

对这三种矿样，均磨细至小于 74μm（200 目）粒级占 93% 左右，调制成液固比 1∶1 的矿浆，加入硫黄粉 $M_S = 1.4$ 倍，于 160~180℃ 的水热温度下硫化 2h，之后将生成的人造硫化铜矿进行温水浮选，结果列于表 5-10。

表 5-10 水热硫化—温水浮选试验结果

试料	水热硫化温度/℃	矿石铜品位/%	精选指标/%			粗选指标（Ⅰ）/%			粗选指标（Ⅱ）/%			尾矿铜品位/%
			产率	铜品位	回收率	产率	铜品位	回收率	产率	铜品位	回收率	
Ⅰ	160	3.90	9.63	36.40	89.77	14.03	25.47	91.53	17.69	20.63	93.47	0.31
	180	3.76	6.46	48.56	83.47	11.15	30.63	90.11	14.68	24.11	93.39	0.29
Ⅱ	160	2.64	5.57	33.65	83.78	11.16	20.96	88.65	13.71	17.39	90.35	0.295
	180	2.49	6.86	31.00	85.37	11.42	19.25	88.26	14.51	15.40	89.70	0.300
Ⅲ	160	1.65	4.95	26.80	80.27	9.24	14.71	82.27	11.33	12.16	83.37	0.31
	180	1.72	5.04	27.19	79.42	8.99	15.74	82.03	11.64	12.55	84.64	0.30

注：浮选药剂用了六偏磷酸钠、丁基黄药及松油三种，其总量均小于 0.5kg/t。

试验结果表明，用水热硫化—温水浮选法处理该矿产出的三种矿石，均取得了较显著的效果，尤其是尾矿含铜都降到了 0.3%，使尾矿成为合格的铁精矿，大大降低了生产成本。另外，矿泥对现行生产过程中碎磨矿以及精矿脱水作业的危害等，都获得了彻底的消除。

5.8 新疆富蕴哈拉通沟难选氧化铜矿石的水热硫化—温水浮选试验

矿石试料由新疆地质局中心试验室提供。矿样采自新疆富蕴哈拉通沟矿床的氧化带，铜品位 3.28%，氧化率 99.7%，结合率 71.95%。铜矿物主要是硅孔雀石，呈纤维集合体半球形，粒度小于 0.03mm，常沿褐铁矿或岩石裂隙充填，脉宽一般为 0.05~0.10mm。其次是孔雀石，呈纤维放射状集合体，在局部裂隙中充填，脉宽 0.10~0.20mm。还有少量自然铜，呈微点状，分布于硅孔雀石矿脉中，粒度 0.003~0.050mm；及微量的蓝铜矿存在。脉石含硅铝较高，主要由基性斜长石、棕色角闪岩及黑云母组成。还有少量磁铁矿、钛铁矿及磷灰石等分布。由于淋滤作用形成的褐铁矿则沿岩石裂隙呈不同程度的充填。

对此试料，新疆地质局中心试验室曾做过酸浸、离析—浮选及常规硫化浮选处理的试验研究，但指标都不够理想。其中，常规浮选的指标为：精矿铜品位 5.74%，精矿铜回收率 15.41%。作者也曾用加压氨浸进行过试验，试料磨细至小于 74μm（200 目）占 95%，浸出液含 $NH_3+CO_2=91.8g/L+61.6g/L$，矿浆液固比 2:1，在 150℃的温度下浸出 2h，铜的浸出率为 57.74%。而该试料用水热硫化—温水浮选法进行探索试验，将矿石磨细至 95% 小于 74μm（200 目），矿浆液固比 2:1，加硫量为理论量的 1.4 倍，在 180℃的温度下水热硫化 4h，之后进行温水开路浮选，精矿铜品位 20.30%，精矿铜回收率 69.95%。较常规浮选指标，精矿铜品位提高 14.56 个百分点，铜的回收率提高 54.54 个百分点。浮选药剂耗量为：水玻璃 70g/t，丁基黄药 300g/t，松油 81g/t。

5.9 四川会理红旗沟难选氧化铜矿石的水热硫化—温水浮选试验

红旗沟氧化铜矿石，由于矿石风化严重，试料中原生矿泥（小于 74μm（200 目）部分）占 42.2%。铜矿物以硅孔雀石为主，另有少量孔雀石、斑铜矿及黄铜矿。铜矿物嵌布粒度很细，硅孔雀石一般为 0.100~0.015mm，最细的为 0.005mm，且多与石英、褐铁矿连生，或被其包裹。硫化铜量虽少，但嵌布粒度更细，一般仅为 0.003~0.005mm，最小的仅为 0.0015mm。在普通矿相显微镜下只能看到部分硅孔雀石以及很少的呈星点状分散的斑铜矿，其余相当量的铜为镜下不可见铜。脉石主要由基岩碎块（占 80% 左右）及褐黄色砂土（占 20% 左右）组成，其成分主要是硅、铝等。在褐黄色砂土中，有相当量的褐铁矿，这部分褐铁矿还与一部分铜离子呈吸附型存在。

所用试料含铜 1.6%，氧化率 92.53%，结合氧化铜 65.67%。这是一种高氧化率、高结合率的难选氧化铜矿石。用常规的硫化浮选法处理，闭路浮选指标为：精矿铜品位 5.38%，铜的回收率 18.13%。同时，矿石中各粒级含铜品位相差很小，不能脱泥分级，实行泥砂分别处理。

此矿石脉石含硅较高，SiO_2 含量达到 59.39%。东川矿务局中心试验所选矿研究室曾进行过硫酸浸出试验，在硫酸用量为 600kg/t，矿浆液固比 4:1，矿石磨细度小于 74μm（200 目）为 85% 的条件下，在常温下浸出 2h，铜的浸出率仅为 67.39%。

用水热硫化—温水浮选法处理，当水热硫化条件为：矿石磨细度 95% 小于 74μm（200 目），液固比 1:1，硫黄用量为理论量的 1.13 倍，硫化温度 180℃，硫化时间 4h，接着将人造硫化铜矿在温水条件下进行浮选，其开路选矿指标为：精矿铜回收率 72.43%，精矿铜品位 41.32%。粗精矿（精矿+中矿）铜的回收率为 75.17%，粗精矿铜品位为 13.78%。浮选药剂用量：水玻璃 80g/t，丁基黄药 320g/t，松油 129g/t。水热硫化—温水浮选法处理，较常规浮选精矿铜回收率（以开路选矿指标计）提高 54.3 个百分点，精矿铜品位提高 35.94 个百分点。

从以上用水热硫化—温水浮选法处理各种类型的难选及易选氧化铜矿的适应性试验中，充分证明了水热硫化—温水浮选法新工艺不但具有相当高的有效性，使各种类型的难选氧化铜矿铜的回收率及精矿品位都大幅度提高了，还显示了水热硫化—温水浮选法具有极其良好的适应性。在适应性试验中，使用了各种含铜品位不同、氧化率高低不同、结合氧化铜含量不同、含泥量多少不同、脉石性质不同以及矿石结构构造不同、产出地域不同的各种难选氧化铜矿石，也都获得了良好的试验结果。需要说明的是，除对汤丹氧化铜矿正式试料进行过详细的条件试验外，其他矿石试料的试验条件都是试验者参照汤丹氧化铜矿正式试料试验时的条件认知确定的，不一定是最适合的条件，试验结果也就不一定是最佳的结果。有的试验已经发现试验条件应该调整和改变才是比较适合所处理的矿石性质，但限于试验的探索性与有限性，而没有深入进行。水热硫化—温水浮选新工艺具有高的有效性与极其良好的适应性，使原来许多看起来无法加工回收的铜资源成为可以加工处理的含铜物料，加上加工处理过程中铜回收率的大幅度提高，可使我国的铜资源无形中获得了大幅度的增加。不同的铜品位、氧化率、结合氧化铜含量与矿泥含量的铜矿石，均能有效的处理，给矿山开采中尽量合理利用铜资源提供了便利，为降低采掘成本创造了条件。对脉石性质的广泛适应，使加工工艺的选择变得简单而容易。同时，水热硫化—温水浮选作业的整个过程，矿浆都在接近中性的情况下运行，没有腐蚀的危害发生，也没有有害的气体产出，设备、管线及附件的使用寿命得以增长，制作成本得以降低。浮选药剂的品种及用量的大幅减少，使尾矿排放对环境的影响大幅减轻，操作环境也大为改善。因此，整个加工处理过程呈现出安全、清洁与环保的局面。

5.10　水热硫化过程的强化——添加剂的使用试验

　　水热硫化—温水浮选法处理各类难选氧化铜矿石，虽然都取得了相当显著的效果，但是科学技术的发展是永无止境的，能否通过强化水热硫化过程，提高反应速度、缩短反应时间、降低反应温度等，进一步提高水热硫化—温水浮选过程的经济技术指标、降低过程的经济成本、提高经济效益，则是值得进一步探索的课题。为此，作者进行了水热硫化过程中加入某种添加剂（促进剂）的试验。经过理论分析与试验筛选，能起促进水热硫化作用的物质不只一种，但认为水热硫化过程中加入少量的氨（以工业纯的液 NH_3 或 NH_4OH 化合物形式加入均可）是比较适宜的。因为氨（NH_3）的加入，提高了矿浆中溶液的 pH 值，有利于元素硫的歧化反应，加速硫离子（S^{2-}）的生成；对氧化铜矿石而言，能使氧化铜矿物表面氧化铜膜溶解，起到清洗氧化铜矿物表面的作用，促进水热硫化反应的进行。溶解的铜在水热硫化过程中又被硫离子（S^{2-}）沉淀为硫化铜（CuS）矿物，在浮选过程中获得回收，不但铜没有损失，而且还有提高浮选精矿铜品位的作用。同时氨的加入，没有带入其他有害的物质，而氨在水溶液中仅以氢氧化铵（NH_4OH）的形式存在，性质稳定，使用方便，价格低廉。为了保持水热硫化工艺过程简单的优点，以添加剂加入的物质是不准备回收的。因此，添加剂的加入量要少，效果要显著。汤丹难选氧化铜矿水热硫化—温水浮选中以氨为添加剂的试验结果列于表5—11中。

表 5-11　水热硫化—温水浮选过程中以氨为添加剂的试验结果

NH$_3$ 加入量/kg·t^{-1}	矿浆溶液pH值	精矿			粗精矿			原矿含铜/%	尾矿铜品位/%
		产率/%	铜品位/%	回收率/%	产率/%	铜品位/%	回收率/%		
0	7	2.78	16.04	80.21	8.01	5.82	83.78	0.556	0.099
0.75	8~9	2.42	19.24	84.02	6.76	7.08	86.37	0.554	0.081
0	7	3.02	14.45	79.24	9.31	5.04	85.18	0.551	0.090
0.75	8~9	2.22	20.25	83.92	6.42	7.25	86.90	0.536	0.075
1.88	10~11	2.74	16.65	86.03	11.49	4.19	90.82	0.530	0.055

注：水热硫化条件：180℃，时间2h，加硫量 M_S=1.5倍，矿浆 L/S=1∶1，矿石细度小于74μm(200目) 占95%。

水热硫化过程中氨的加入量以 1~2kg/t 为宜。如果氨的加入量过大，会造成浮选过程中硫化铜矿物受浮选机所吸空气氧化而发生反溶的现象，增加铜在溶液中的损失，一个表观反应就是浮选给矿铜品位的下降。如果加入的氨量很大，工艺流程中势必要有矿浆蒸馏回收氨的工序，增加了工艺流程的复杂性，还可能会造成得不偿失的局面。

6 水热硫化—温水浮选法处理
难选氧化铜矿的扩大试验

通过对汤丹难选氧化铜矿正式试料深入细致的试验研究与国内各地难选氧化铜矿的适应性试验,都证明了水热硫化—温水浮选法具有显著的有效性与极其良好的适应性。但这些都只是实验室内研究的结果,将此法用于生产实践还有一段距离,这就是整个工艺流程的确定、主体设备(尤其是水热硫化高压釜)的选型及有关操作方法的建立与操作经验的积累,以及小型试验条件的印证,都需要在具有生产雏形、矿浆连续流动、操作连续进行的扩大试验中来较长时间的考查与验证。于是1979年初,决定对该新工艺进行较大规模的中间工厂试验。鉴于工艺流程中的主体设备水热硫化高压釜设计、加工制作需要较长时间,也需要一定的专项资金委托外单位进行,故考虑先用加压氨浸试验拆下的闲置设备自行设计与加工制作一套日处理矿石5t规模的蒸汽搅拌高压釜为主体设备的水热硫化装置,即扩大试验的第一套装置进行试验。

6.1 第一套扩大试验装置的试验

6.1.1 工艺流程及设备

第一套扩大试验的工艺流程及设备连接如图6-1所示。流程中除采用自行设计、加工的水蒸气直接加入矿浆内部以加热与搅拌提升矿浆的新型高压釜外,还移植了加压氨浸中采用的管式高压釜技术与热矿浆减压自蒸发及用冷矿浆直接吸收返回的低压水蒸气的做法。如果这套工艺流程与设备在试验中获得成功,则可降低水热硫化过程的热量损失,省去机械搅拌矿浆需要的能量及高压釜的密封等问题。流程中矿浆的制备与浮选作业,现实中都有成熟的经验可供借鉴,只

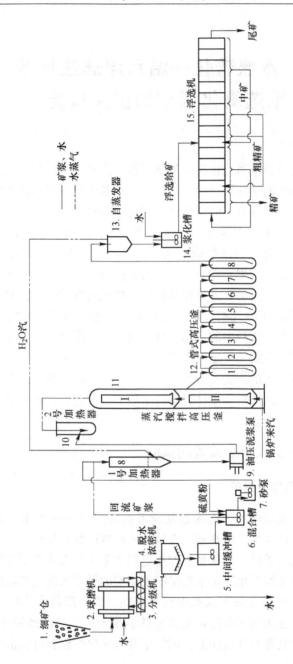

图 6-1 水热硫化—温水浮选工艺 5t/d 规模第一套扩大试验装置设备连接图

需操作条件略做调整，技术上不应有什么大的困难。因此，水热硫化主体设备的选择与操作及其效果便是决定扩大试验成功或失败的关键环节。

6.1.2 流程概述

破碎至小于20mm并装入料仓1中的矿石，在球磨机中加入水湿磨至95%小于74μm(200目)，分级机3的溢流矿浆流入脱水浓密机4中，使固体浓度从30%增稠至55%左右，矿浆流入中间缓冲槽5中，然后再入具有机械搅拌的混合槽6中，在这里加入所需的硫黄粉，经搅拌混合后，矿浆用砂泵7送入1号加热器（矿浆吸收塔）8中，吸收了自蒸发器13返回的低压水蒸气，使矿浆温度升至80℃左右，之后矿浆进入油压泥浆泵9，再经油压泥浆泵将矿浆压入2号加热器10中，在这里由于矿浆温差的推动而不断吸收来自蒸汽搅拌高压釜11顶部排出的水蒸气，使矿浆温度升至接近釜内180℃的温度，之后矿浆靠自重流入蒸汽搅拌高压釜的顶层内，并经釜内的降液管流入釜的下层。矿浆在蒸汽搅拌高压釜11中，由于中心管内高压水蒸气的提升作用，矿浆在釜内不断地循环，同时不断进行硫黄粉的歧化反应及硫离子与氧化铜矿物的硫化反应，也进行着与原生硫化铜矿物的活化反应。矿浆在蒸汽搅拌高压釜中停留2h。蒸汽搅拌高压釜出来的矿浆，靠自身具有的压力逐个通过由8个釜串联而成的管式高压釜12，矿浆在其中也是停留2h，于是矿浆在高压釜中的总停留时间达到4h。经过高压釜中水热硫化处理过的带压热矿浆，进入矿浆自蒸发器13，由于突然减压降温，矿浆自蒸发产出一定量的低压水蒸气，返回到1号加热器由冷矿浆吸收。蒸发后的低压矿浆进入浆化槽14，用温水调节矿浆浓度以适合浮选所需的矿浆浓度及温度后进入浮选机15中，进行浮选作业，得到产品铜精矿。

锅炉送来的新蒸汽，由蒸汽搅拌高压釜11的底层釜进入矿浆内部，以进一步加热与搅拌提升矿浆，并由釜的第一层自动进入第二层，最后由釜的顶层排出还未凝结的蒸汽，此部分蒸汽由2号加热器内的矿浆吸收，使矿浆温度接近蒸汽搅拌高压釜内的矿浆温度。

6.1.3 第一套扩大试验装置的设备规格与数量

水热硫化—温水浮选新工艺的第一套扩大试验5t/d规模的设备

规格及数量列于表6-1。细矿仓前的碎矿设备是用原100t/d加压氨浸的设备，因加工能力大，只需间断操作，这里未列入。

表6-1 第一套扩大试验的设备规格及数量

序号	设备名称	规格	数量	序号	设备名称	规格	数量
1	细砂仓		1	8	1号加热器	$\phi200mm\times1300mm$	1
2	球磨机	$\phi1250mm\times1250mm$	1	9	油压泥浆泵	2DB-1.5/10型比例泵改装成	1
	电机	40kW	1		电机	4.2kW	1
3	单螺旋分级机	$\phi400mm\times3800mm$	1	10	2号加热器	$\phi200mm\times600mm$	1
	电机	2.7kW	1	11	蒸汽搅拌高压釜	$\phi400mm\times6900mm$	2层
4	浓密机	$\phi1800mm\times1800mm$	1	12	管式高压釜	$\phi260mm\times1400mm$	8
	电机	1.5kW	1	13	自蒸发器	$\phi200mm\times300mm$	2(换用)
5	中间缓冲槽	$\phi2000mm\times2500mm(8m^3)$	1	14	浆化槽	$\phi800mm\times900mm$	1
	电机	10kW	1		电机	1kW	1
6	混合槽	$\phi800mm\times900mm$	1	15	浮选机	35L/槽	4
	电机	1kW	1			12L/槽	12
7	砂泵	1″立式	1		电机	总计15kW	16
	电机	1kW	1				

6.1.4 主要非标设备的结构与规格

6.1.4.1 水热硫化高压釜

在第一套扩大试验的设备中，水热硫化高压釜由蒸汽搅拌高压釜与8个管式高压釜组成。矿浆在两种类型的高压釜中停留时间各为2h。蒸汽搅拌高压釜为2层，是参照加压氨浸中的多层空气搅拌高压釜原理自行设计制作的，结构尺寸如图6-2所示，是一种以水蒸气作搅拌提升动力的多层高压釜。

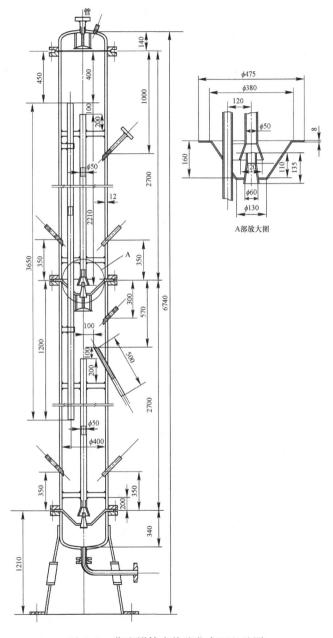

图 6-2 蒸汽搅拌水热硫化高压釜总图

每层釜为 ϕ400mm×2700mm，加裙座釜的总高为 6900mm。釜内每层的中心管为 ϕ50mm，蒸汽喷嘴为 ϕ14mm，两层间的矿浆降液管直径为 ϕ38mm。

矿浆自釜的顶层进入，经溢流管流入下层。水蒸气从釜的下层底部进入，经喷嘴及中心管由下而上，在中心管内提升与搅拌矿浆，使矿浆在中心管外的环间不断进行循环流动，进行水热硫化的各种化学反应。未被凝结的水蒸气由釜的顶部排出，进入 2 号加热器内被矿浆冷凝和吸收，成为矿浆液体的组成部分。矿浆在蒸汽搅拌高压釜中停留 2h 后，进入 8 个结构尺寸相同而串联组成的管式高压釜中。管式高压釜的结构尺寸示于图 6-3 中。每个管式高压釜尺寸为 ϕ260mm×1400mm。矿浆由釜的顶部进入造成喷射搅拌区，在釜的底部接近排料口的一定区域内因矿浆收缩造成搅拌摩擦区，而在釜的顶底之间矿浆则呈柱塞式流动。矿浆在 8 个管式釜中停留 2h，加上在蒸汽釜中的停留时间 2h，总共停留时间为 4h。矿浆离开管式釜，进入自蒸发器，在这里实现减压降温，从而产生一定量的低压水蒸气返回 1 号加热器内吸收。

6.1.4.2 油压泥浆泵

油压泥浆泵是加压湿法工艺中给矿浆产生动力的矿浆传输设备，为加压湿法工艺中的"心脏"。为避免矿浆直接与机械运动部件接触造成磨损，用机油装入油罐中作隔离介质，故简称为油压泥浆泵。

试验中所用油压泥浆泵，是用 2DB-1.5/30 型比例泵加上两个油罐及矿浆止逆阀装配而成。油罐及止逆阀都是根据试验需要自行设计加工制作的。油罐尺寸为 ϕ150mm×400mm，油缸直径 ϕ70mm，行程 0~60mm，每分钟往复 62 次。试验中的矿浆流量为 0.283m³/h 左右，压力一般在 18kg/cm² 以内（泵最高压力为 30kg/cm²）。

6.1.4.3 1 号矿浆加热器

1 号矿浆加热器，是吸收自蒸发器返回的低压水蒸气，使矿浆温度获得一定程度的提高。尺寸为 ϕ200mm×1300mm，下端为锥形，距下部 200mm 处装设一多孔筛板，加强气体的分散作用。矿浆自顶部进入，顺流而下至底部出料。满液操作，过剩的矿浆量返回混合槽。

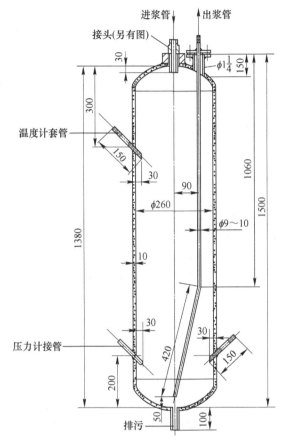

图6-3 管式水热硫化高压釜总图

6.1.4.4 2号矿浆加热器

2号矿浆加热器是一尺寸为 $\phi200mm \times 600mm$ 的圆筒形容器，安装在稍高于蒸汽搅拌高压釜的位置，蒸汽釜内还未被矿浆完全吸收，而仍以蒸汽状态存在的水蒸气从加热器的下部进入，经温度较低的矿浆吸收后成为矿浆的液体组成部分，矿浆最后靠自重由加热器内的溢流管流入蒸汽搅拌釜内。

6.1.4.5 自蒸发器

自蒸发器是加压湿法冶金工艺中一种高温带压矿浆减压降温的装置，在带压热矿浆减压降温的过程中产生出一定量的低压水蒸气返回于流程中以回收热量（加压氨浸中还回收氨和二氧化碳）。工艺中的自蒸发器为 $\phi200mm×300mm$，下部带有锥体的容器。水热硫化高压釜排出的矿浆，经针形阀控制的喷嘴高速喷入器内，减压后的矿浆由下部流出。进浆喷嘴的原始尺寸为 $\phi6mm$，矿浆磨损会扩大，用针形阀调节补偿，操作一定时间后进行更换。

6.1.5 第一套扩大试验装置的成功与失败

第一套扩大试验装置安装结束后，调整试车一次成功。由于精心设计和操作人员比较熟练，各项操作结果与设计指标相当接近，如蒸汽单耗的实测结果，在将矿浆加热至180℃的条件下为258kg/t，与设计时的理论计算值十分吻合。于是在1979年的11月进行了一次正式的扩大试验，所用矿石试料的铜物相分析结果见表6-2。

表6-2 扩大试验用矿石的铜物相分析结果 （%）

全铜	总铜	结合氧化铜		游离氧化铜		活性硫化铜		惰性硫化铜	
		含量	占有率	含量	占有率	含量	占有率	含量	占有率
0.65	0.66	0.16	24.24	0.25	37.88	0.229	34.70	0.021	3.78

这次试验，操作上仍较顺利，但工艺技术指标却十分出人预料。矿浆在180℃的水热硫化温度下处理4h，氧化铜的转化率仅58.2%，闭路温水浮选铜的回收率低于40%，精矿铜品位低于20%，回收率比未经水热硫化过的矿石的浮选指标还低很多。试验的反常结果令人失望与惊奇。此后，试验转入了失败原因的分析与探讨。

经深入的思考与分析对比，坚信水热硫化—温水浮选新工艺的原理是正确的，小型试验也是深入细致的，重要的影响因素都经过重复试验，其结果是可靠的。第一套扩大试验装置的试验与试验室试验间有两点重要的不同：一是水蒸气直接作用于矿石，造成铜矿物表面性质的有害改变，严重影响了铜矿物的浮游活性；二是带压热矿浆的突然减压自蒸发，也会造成铜矿物表面性质的改变，不利于铜矿物的浮选回收。这两点有可能是造成扩大试验失败的主要原因。于是设计制作了如图6-4所示的试验装置进行水蒸气危害作用的考查。装置的A部分为汽水分离，目的是经过其中后进入水热硫化高压釜的水蒸气比较真实，不含有液相的水，使水蒸气的用量比较准确，影响的效果比较确切。B部分则是模拟原试验室的水热硫化高压釜，有机械搅拌，可间接加热矿浆，也可通入蒸汽模拟扩大试验中水蒸气直接作用于矿浆的影响，且蒸汽可进行计量。但这套试验装置也是用旧有材料自行加工而成的，搅拌强度没有试验室内的高压釜强烈，能承受的压力也没有那么高，但只要试验的结果能反映客观的倾向，就算达到了要求。釜的体积为4.7L。

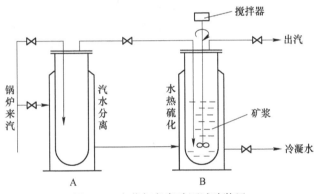

图6-4　水蒸气危害验证试验装置

6.1.6　水蒸气危害作用的考查

水蒸气危害验证试验结果见表6-3~表6-5。

表6-3　水蒸气直接加热矿浆的影响

通入水蒸气量 /kg·h⁻¹	釜内矿浆温度 /℃	铜品位/%		氧化铜转化率 /%	浮选精矿			粗选精矿			备 注
		原矿	尾矿		产率 /%	品位 /%	回收率/%	产率 /%	品位 /%	回收率/%	
0	156	0.618	0.103	83.04	1.93	18.90	59.05	13.30	3.97	85.53	矿浆间接加热

通入水蒸气量/kg·h⁻¹	釜内矿浆温度/℃	铜品位/%		氧化铜转化率/%	浮选精矿			粗选精矿			备 注
		原矿	尾矿		产率/%	品位/%	回收率/%	产率/%	品位/%	回收率/%	
0.49	171	0.607	0.110	80.43	2.94	6.93	33.56	19.06	2.72	85.34	水蒸气直接加热
0.68	170	0.578	0.104	79.5	2.71	7.10	33.27	18.52	2.67	85.35	水蒸气直接加热
1.28	170	0.615	0.110	79.13	2.76	7.12	31.96	18.89	2.78	85.50	水蒸气直接加热

注：釜内装矿 1200g，原始矿浆浓度 60%（固），反应时间 2h，加硫量 $M_S = 1.5$ 倍，矿石细磨至 95% 小于 $74\mu m$（200 目）。

试验的结果表明，水蒸气直接通入矿浆中，铜的转化率下降，铜的精选指标大幅度下滑，精矿铜品位由 18.9% 降至 7% 左右，精矿的铜回收率则降低了 20 多个百分点，充分证明了水蒸气直接加入矿浆中造成了严重的危害，水蒸气直接与矿石作用的时间越长，这种危害作用越大，见表 6-4。

表 6-4　水蒸气直接作用的时间影响

水热硫化时间/h		釜内温度/℃	氧化铜转化率/%	浮选精矿			粗精矿		
总时间	通水蒸气时间			产率/%	铜品位/%	回收率/%	产率/%	铜品位/%	回收率/%
2	1.75	170	79.57	2.71	7.10	33.27	18.52	2.67	85.35
3	1.42	172	80.87	3.09	5.95	30.38	20.42	2.54	85.56
4	1.83	170.6	83.04	2.95	5.83	29.05	20.97	2.41	85.45

注：水热硫化其他条件：原始矿浆浓度 60%（固），$M_S = 1.5$ 倍，矿石细磨至 95% 小于 $74\mu m$（200 目）。

对于已经用间接加热进行水热硫化生成的人造硫化铜矿，水蒸气也可破坏它表面已具有的浮游活性，使铜的浮选回收恶化，铜金属更难以富集。曾在试验室按照原来试验的条件进行水热硫化生成的人造硫化铜矿，再用去通入水蒸气直接作用，呈现出的规律性完全相似，见表 6-5，进一步证明了水蒸气具有破坏人造硫化铜矿表面性质的作用。

表 6-5 水蒸气破坏人造硫化铜矿表面浮游活性的试验结果

硫化反应时间/h			釜内矿浆温度/℃		氧化铜转化率/%	浮选精矿			粗选精矿		
间接加热	蒸汽直接加热	总时间	间接加热	蒸汽直接作用		产率/%	品位/%	回收率/%	产率/%	品位/%	回收率/%
2	0	2.0	180	0		3.17	15.11	81.74	8.50	5.88	85.32
2	0.5	2.5	180	168	89.58	3.27	13.74	78.66	8.32	5.74	83.62
2	1.0	3.0	180	169.4		3.24	13.19	74.06	9.20	5.21	83.00
2	2.0	4.0	180	168.7	88.33	4.40	8.97	74.19	10.26	4.33	83.46

　　试验结果证明，水热硫化过程中，水蒸气不能直接与铜矿石接触。因此，用水蒸气直接加热矿浆的办法是有害的，它造成了人造硫化铜矿表面性质的改变，不利于其后用浮选法回收铜的局面。

　　还需特别指出的是，水蒸气对铜矿石中铜矿物表面性质的有害作用，是不可逆的，一旦造成了危害是无法恢复的，即使是重新进行间接加热的水热硫化也不能恢复其表面的浮游活性。

　　水蒸气在水热硫化过程中的危害，实质上是水蒸气的一种氧化作用。当水蒸气直接作用于硫化铜矿物，硫化铜矿物最终将被氧化为铜的氧化物，而硫则生成 H_2S。这与水热硫化作用的目的相反。

6.1.7 带压热矿浆放出方式的考查

　　在小型试验室的水热硫化试验中，试验完成后，停下高压釜的机械搅拌与矿浆的加热，让矿浆在密闭的环境中冷却降温，铜矿物表面形成的浮游活性得以保留下来。在第一套扩大试验装置的扩大试验时，采用急速的减压降温方式放出矿浆，多余的热量自蒸发成一定量的水蒸气，这一过程也有水蒸气的有害作用发生。同时带压时被水分浸润的矿粒及其中的铜矿物，突然减压降温，体积发生膨胀，有的被爆裂粉碎，微细粒级增加，浮选指标降低，两种带压热矿浆的降温降压方式产生的不同结果见表 6-6~表 6-8。

表 6-6　带压热矿浆的放出方式对矿石粒级组成与铜分布的影响　（%）

带压热矿浆放出方式	矿石粒级组成及铜金属的分布率	粒级组成					
		>74μm	>40μm	>20μm	>10μm	<10μm	总量
密闭换热冷却	矿石粒级组成	12.21	25.86	28.59	12.79	20.55	100.0
	铜的分布率	11.94	24.49	21.30	9.73	32.54	100.0
急速降压降温至常压放出	矿石粒级组成	9.80	22.92	30.37	17.48	19.43	100.0
	铜的分布率	8.26	22.33	22.54	14.81	32.00	100.0

　　从表中数据可知，带压热矿浆急速减压降温的自蒸发，使粗粒级占有的百分数与含铜量减少，而 10~20μm 的数量增加，小于 10μm 粒级则基本保持不变。带压热矿浆的减压降温方式不同，同样影响到铜矿物的粒度变化，镜下鉴定结果见表 6-7。

表 6-7　不同放出方式影响到铜矿物粒度组成

带压热矿浆的放出方式	铜蓝矿的粒度组成/%		
	>9μm	4~9μm	<4μm
密闭冷却降温、降压	8	54	34
急速减压自蒸发	3	59	38

　　带压热矿浆采用急速减压降温的自蒸发方式放出，不但造成铜矿物粒度的变化，同时也造成铜矿物表面浮游活性的降低，使铜的浮选指标恶化，其中也包含有水蒸气的有害作用。因而铜的浮选回收率及精矿铜品位大幅下降，见表 6-8。

表 6-8　带压热矿浆不同放出方式的铜浮选指标比较　（%）

带压热矿浆放出方式	浮选精矿			粗精矿			原矿铜品位	尾矿铜品位	氧化铜转化率
	产率	铜品位	回收率	产率	铜品位	回收率			
密闭冷却后放出	2.39	23.14	76.88	7.02	8.86	86.42	0.719	0.105	89.65
经自蒸发后放出	2.02	21.10	60.75	6.72	8.33	79.80	0.701	0.152	84.21

注：水热硫化 180℃下反应 4h。

　　试验结果证明，带压热矿浆不可采用闪蒸方式急速减压降温放出，只能采用间接密闭换热降温后放出，才能保持人造硫化铜矿表面的浮游活性，才利于用浮选法处理回收。人造硫化铜矿表面的浮游活性一旦受到破坏，不论采用何种技术措施都无法恢复。

通过深入分析和比较试验，弄清了第一套扩大试验装置试验中失败的两个主要原因：水蒸气直接加热矿浆与带压热矿浆的急速减压降温自蒸发放出方式。因此，新的扩大试验工艺与设备除要求能强化水热硫化过程外，还必须能很好地保护人造硫化铜矿物表面的浮游活性，为获得好的浮选结果创造条件。

6.2 第二套扩大试验装置的改进及试验

第二套扩大试验的流程和主体设备的不同之处是淘汰了流程中水蒸气直接作用于矿浆中的铜矿物的做法，以机械搅拌的高压釜为水热硫化高压釜；同时带压热矿浆通过密闭换热冷却达到降温降压后放出再入浮选作业。这样既可促进水热硫化，又可保持人造硫化铜矿物的浮游活性，同时机械搅拌高压釜的搅拌强度也强于水蒸气搅拌高压釜的搅拌强度，有利于水热硫化进程。磨矿及浮选部分基本保持不变，其工艺流程与设备连接如图 6-5 所示。

6.2.1 机械搅拌高压釜的结构与操作

机械搅拌水热硫化高压釜的结构如图 6-6 所示。

釜的外形尺寸为 $\phi 800mm \times 3200mm$，分成四室，每室有双叶轮搅拌器，转速为 $400 \sim 500r/min$，各由 1kW 的电机带动，搅拌器轴由双端面机械密封。矿浆进到第一室的下部，由下而上经溢流堰流至第二室下部，依次在机械搅拌混合的条件下流至第四室，经上部出口流入矿浆稳液罐中。稳液罐是水热硫化高压釜的附属装置，是观察高压釜液位、调节高压釜操作、避免出浆带汽的汽液分离的装置，尺寸为 $\phi 260mm \times 1400mm$。操作中要求矿浆液位略低于釜内矿浆的液位，同时稳液罐内应维持一定高度的矿浆液柱，对出料起密封隔离作用。

水热硫化高压釜的总容积为 $1.5m^3$，最大承受的压力为 30atm。在水热硫化中的操作压力基本是相应水热硫化温度下水的蒸汽压力，即 $12 \sim 14atm$。釜外设有蒸汽加热夹套，保证釜内矿浆在规定的温度下进行充分的化学反应。锅炉送来的水蒸气首先经过釜的加热夹套，然后再去矿浆换热器。

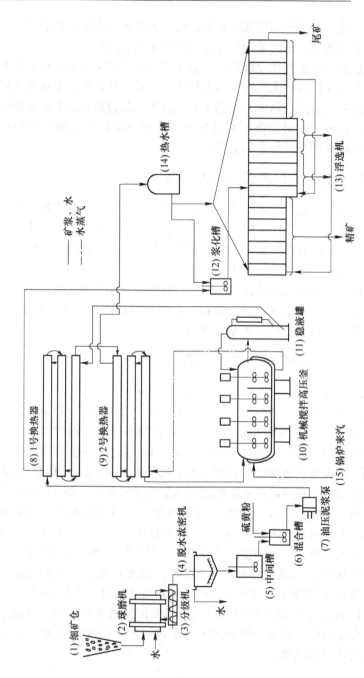

图 6-5 水热硫化—温水浮选工艺 5t/d 规模第二套扩大试验装置设备连接图

(1) 细矿仓 (2) 球磨机 (3) 分级机 (4) 脱水浓密机 (5) 中间槽 (6) 混合槽 (7) 油压泥浆泵 (8) 1 号换热器 (9) 2 号换热器 (10) 机械搅拌高压釜 (11) 稳液罐 (12) 浆化槽 (13) 浮选机 (14) 热水槽 (15) 锅炉来汽

硫黄粉

—— 矿浆、水
---- 水蒸气

尾矿

精矿

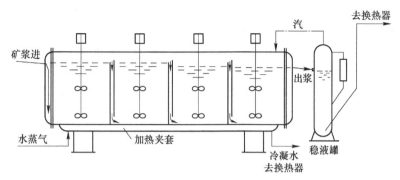

图 6-6 机械搅拌水热硫化高压釜

需要十分重视的是，从稳液罐出来的热矿浆通过 1 号换热器与冷矿浆进行热交换。随着热矿浆温度的降低，压力也随之下降，但压力的下降值必须是温度下降和矿浆克服前进阻力自然形成的综合结果，而不是人为加大排矿所造成的压差，才能避免发生热矿浆的急速减压自蒸发。必须使离开稳液罐的热矿浆在密闭的换热器中经与冷矿浆换热使温度降至 80℃ 以下（最好是至 60℃）才能放出，这样才能充分保持住人造硫化铜矿表面的浮游活性。

高压釜在运行中各室的矿浆液位由其中的隔板自动维持，不需调节，而稳液罐内的矿浆液位一定要略低于高压釜第四室的矿浆液位。在此前提下允许稳液罐内矿浆液位在较大范围内波动，但不能与下部的出料口相平，那样就起不到液封的作用，出浆就会带汽。允许稳压罐内矿浆液位在较大范围内波动，可以避免操作上的频繁调节，使高压釜的操作变得轻松自如。

高压釜的机械搅拌部分实行双端面机械密封，密封零件要求加工精度较高，并用机油作密封介质，外部还要用水加以冷却，是高压釜岗位维护的重点，操作人员一定要按规程进行操作。高压釜安装完成并进行试压合格后，蒸汽与矿浆的输导管道必须进行良好的保温，之后高压釜才能投入正式的试验工作。

机械搅拌水热硫化高压釜的设计，是第二套扩大试验装置中最重要的反应工程设计，除高压釜搅拌轴的双端面机械密封请东川矿务局机修厂的机械工程师设计外，高压釜的其余部分均由作者设计完成。

设计中重点考虑的是矿浆在高压釜中具有稳定的温度保证，因而在釜体外部设计了加热夹套。同时要保证矿浆的每部分经过高压釜各室时没有短路情况发生，使每部分矿浆的停留时间均能达到规定的要求，因而使矿浆在釜内各室中呈曲折流动，并用高压釜的内部结构来确保维持矿浆应有的液位。高压釜是一个密闭的带压高热容器，出料夹带气体是一个必然要发生而又难以在本体上解决的问题（如加压氨浸的多层空氧搅拌高压釜出料带汽就没有获得彻底解决），于是作者在设计时就给高压釜设计了一个附属装置——矿浆的稳液罐。稳液罐内矿浆具有相当高的液柱，夹带有一定气体的矿浆，进到稳液罐后，既可完成汽液分离（分离后气体返回水热硫化高压釜内），又有较高的矿浆液柱隔离与密封下部出料，不致带汽，于是高压釜出料带汽的问题便获得圆满解决。实践证明，机械搅拌水热硫化高压釜的设计是成功的，在试验中获得了要求的结果。

6.2.2　第二套扩大试验装置的试验结果

在经过一系列的精心准备，并进行必要的单体试车后，东川矿务局科研所于 1984 年 5 月 15 日至 6 月 24 日进行了以机械搅拌高压釜为水热硫化主体设备的新的扩大试验，历时 40 天，处理汤丹氧化铜矿代表性正式试料 74t 及非正式试料 20t，取得了扩大试验的成功。所用正式试料的化学组成见表 6-9，正式试料的铜物相分析结果见表 6-10。

表 6-9　正式试料的化学分析结果

元素或化合物	Cu	S	CaO	MgO	SiO$_2$	Fe$_2$O$_3$	Al$_2$O$_3$	Ag
含量/%	0.59	0.063	24.77	17.12	17.16	1.52	1.04	4.9g/t

表 6-10　正式试料的铜物相分析结果　　　　（%）

项目	总铜	结合氧化铜	游离氧化铜	活性硫化铜	惰性硫化铜	氧化率
含量	0.612	0.200	0.290	0.092	0.030	0.49
比例	100.0	32.68	47.39	15.03	4.90	80.07

正如前已介绍过的，汤丹氧化铜矿是一氧化率、结合率高，含泥

量大及含铜品位低与可回收有价元素少的难选氧化铜矿石，但经规模为日处理 5t 矿石的水热硫化—温水浮选法处理，严格按矿石磨细至小于 74μm(200 目) 占 93%左右，矿浆浓度50%~55%，加硫量为使矿石中的氧化铜完全转变成铜蓝所需的硫量并过量 50%，水热硫化温度 180℃，时间 4h 条件下进行水热硫化处理，之后进行温水浮选。在浮选过程中严格控制浮选温度、加药量、矿浆浓度等条件，每60min 测量一次给矿量，每 120min 取一次原矿、精矿、尾矿的快速样，以了解浮选过程的稳定性及各项技术指标情况。每 30min 全面取一次正式样品，每班作业时间内取 12~14 次正式样品合并成班样送化验分析，做试验技术指标及计算数质量流程的依据。因此，试验数据具有充分的可靠性。

　　扩大试验全面而深入地验证了水热硫化—温水浮选新工艺的有效性及机械搅拌高压釜的工艺性能与操作状况，积累了经验，培训了人员，为该工艺实现工业化打下了初步而坚实的基础。

　　以机械搅拌高压釜为主体设备的日处理 5t 矿石规模的扩大试验，铜的浮选结果列于表 6-11，银的浮选结果列于表 6-12，原矿、精矿、尾矿的成分列于表 6-13。

表 6-11　5t/d 规模扩大试验铜的浮选结果

试验内容	班次	取样次数	原矿铜品位/%	主要试验条件						试验结果/%		
				温度/℃	时间/h	处理量/t·d⁻¹	矿浆浓度/%	矿石细度小于74μm(200目)/%	加硫量/kg·t⁻¹	铜回收率	精矿品位	尾矿品位
不加添加剂	1	14	0.59	181.4	4	4.7	52.7	92.7	3.88	86.48	10.37	0.084
	2	13	0.575	182.1	4	5.43	53.9	92.8	3.88	85.42	14.75	0.086
	3	10	0.58	181.1	4	5.4	50.5	90.7	3.88	82.14	16.60	0.106
	4	12	0.57	181.8	4	5.03	56.5	94.8	3.88	84.61	14.84	0.091
	5	11	0.57	180.8	4	4.95	5.10	94.8	3.88	82.77	17.27	0.102
	平均		0.577	181.4	4	5.10	52.9	93.2	3.88	84.27	14.77	0.094

试验内容	班次	取样次数	原矿铜品位/%	主要试验条件						试验结果/%		
				温度/℃	时间/h	处理量/t·d⁻¹	矿浆浓度/%	矿石细度小于74μm(200目)/%	加硫量/kg·t⁻¹	铜回收率	精矿品位	尾矿品位
加添加剂氨1kg/t	1	14	0.62	181.9	4	4.91	51.3	93.6	3.66	87.49	23.79	0.080
	2	14	0.59	181.9	4	4.90	50.2	95.0	3.66	88.19	16.73	0.072
	3	14	0.62	182.1	4	4.99	49.7	92.1	3.66	88.19	16.73	0.072
	4	10	0.58	181.8	4	5.33	51.2	94.6	3.66	86.69	17.16	0.080
	5	13	0.60	182.0	4	5.02	51.9	9.6	3.66	85.59	19.60	0.088
	平均		0.602	181.9	4	5.03	50.8	94.8	3.66	86.89	18.97	0.081

注：浮选药剂消耗（不加添加剂）：丁基黄药 214g/t，六偏磷酸钠 54.9g/t，松油 14g/t。加入添加剂：丁基黄药 221g/t，六偏磷酸钠 53.6g/t，松油 10g/t。

表 6-12 扩大试验中银的回收结果

数据来源	含银品位/g·t⁻¹			铜精矿产率/%	精矿中银的回收率/%
	原矿	铜精矿中	尾矿		
连续七个班平均	4.85	107.12	2.46	2.46	54.3

表 6-13 扩大试验中原矿、精矿、尾矿的化学组成

产物名称		化学组成/%						
		Cu	Fe₂O₃	CaO	MgO	SiO₂	Al₂O₃	S
原矿	I	0.59	1.52	24.77	17.12	17.16	1.04	0.063
	II	0.62	1.61	24.55	16.51	17.50	1.14	0.27
精矿		23.79	6.47	13.88	9.53	7.24	1.43	12.04
尾矿		0.08	1.61	24.50	17.00	17.82	1.09	0.06

注：I—未经水热硫化的原矿；II—经过水热硫化处理的原矿。

扩大试验中使用了正式试料与非正式试料。正式试料是经正式设计、采取的矿石的组合，是代表汤丹氧化铜矿 I～V 中段矿石的性质，是扩大试验主要的研究对象。在扩大试验中两种矿样的试验结果见表 6-14。

表 6-14 正式试料与非正式试料扩大试验结果对比

试料类别	原矿			水热硫化温度/℃	添加剂量(NH₃)/kg·t⁻¹	浮选结果		尾矿铜品位/%	浮选药耗/g·t⁻¹		
	铜品位/%	氧化率/%	结合率/%			精矿品位/%	回收率/%		丁基黄药	松油	六偏磷酸钠
正式试料	0.577	80.07	32.48	180	0	14.77	84.27	0.094	204	14	55
	0.602	80.07	32.68	180	1.0	18.97	86.89	0.081	221	10	54
非正式试料	0.867	78.21	29.05	160	1.0	22.97	86.37	0.122	240	80	65
	1.000	78.21	29.05	180	1.0	30.04	90.12	0.106	240	80	65

注：其他条件：水热硫化时间 4h，$M_S = 1.5$ 倍，矿石细度小于 74μm（200 目）占 93%。

可以看出非正式试料的铜品位较正式试料为高，而氧化率与结合率较正式试料略低，在添加剂均为 1kg/t 的条件下，非正式试料只需 160℃ 的水热硫化温度，即可获得正式试料 180℃ 的浮选结果，且精矿品位却要高很多。因此，用水热硫化—温水浮选新工艺处理汤丹难选氧化铜矿石时，对矿石性质的某些变化是有足够的适应性的。

可作为添加剂的物质，试验过的还有多种，但以氨的效果较为显著，用量少，使用方便，价格也较便宜，是一种适宜的添加剂物质。

作者于 1983 年 6 月调离了东川矿务局科研所，水热硫化—温水浮选课题由原试验组成员金继祥出任课题负责人，他们具体组织实施了日处理矿石 5t 规模的 1984 年 5 月 15 日至 6 月 24 日的扩大试验。试验中碎、磨矿作业负责人为何龙，水热硫化作业负责人为丁荣强，浮选作业负责人为张丽华。扩大试验报告由金继祥同志编写，由宋焜生、吴晟及钱荣耀三同志负责审定。其后，东川矿务局科研所所长，也是该试验的总组织者杨耀宗等人撰写了论文《处理难选氧化铜矿石新工艺——氨浸硫化沉淀浮选法和水热硫化浮选法的研究》，发表在 1989 年第一期的《云南冶金》杂志上。文章全面概括了这次扩大试验的成果，认为水热硫化—浮选工艺处理各种氧化铜矿石的指标稳定，铜的回收率及精矿品位较高，是目前国内首创的处理难选氧化铜矿石行之有效的新工艺、新方法。同时工艺的适应性强，除对东川汤丹钙镁型脉石的氧化铜矿石取得了良好的指标外，对用于处理广东石菉、四川昭觉的高硅型和湖北铜绿山的硅卡岩型铜铁共生难选氧化铜矿石都具有良好的适应性。同时，该工艺流程除可较好地回收铜外，并可有效地综合回收贵重金属金、银等，代表了当代难选氧化铜矿提取冶金的发展趋势。

杨耀宗还为该新工艺方法的科技成果鉴定会写了报道，发表在《云南冶金》的"新工艺"栏目上。1987年5月6~8日，中国有色金属工业总公司的昆明公司和云南省经济委员会，在东川汤丹组织召开了"水热硫化—温水浮选法"科技成果鉴定会。有来自北京、昆明等地的科研、设计院所、大专院校、生产厂矿及东川矿务局的代表共计36人，一致认为，水热硫化—温水浮选法是国内首创的先进提铜工艺，为难选氧化铜矿的处理开辟了新途径，为汤丹难选氧化铜矿石的处理提供了一个可供选择的工艺流程。规模为日处理5t矿石的扩大试验取得了良好的结果，铜的浮选回收率达到86.89%，较常规浮选工艺提高了13.8%（绝对值），精矿铜品位达到18.97%，较常规浮选工艺提高了8.88%（绝对值）；经济效益也较常规硫化浮选法好，且该工艺的适应性强。一致建议选择适当矿点进一步放大规模建厂，为大规模的工业化生产积累经验，提供设计依据。于是东川矿务局对水热硫化—温水浮选工艺的日处理矿石100t规模的半工业试验进行了积极的准备。经过1989年和1990年两年的建设，1991年至1994年5月对该半工业试验厂进行了设备调试与验收，其间云南省科委、云南省经委及有色昆明公司组织专家组到工厂现场进行了考查，认为该100t/d规模的试验装置和主体设备基本能够满足工艺要求，于是东川矿务局在1994年11月16日至12月20日正式进行了100t/d规模的半工业试验。该套试验装置除进行水热硫化—温水浮选工艺试验外，还进行了加压氨浸—硫沉淀—浮选工艺的试验。两课题的半工业试验均取得了良好的技术经济指标，达到了云南"八五"攻关目标的要求。1995年3月由云南省科委及经委组织专家进行了技术鉴定，并获得中国有色金属总公司1996年度颁发的科技进步奖。这里仅叙述水热硫化—温水浮选工艺的试验结果[15]。

6.3 100t/d 规模的半工业试验

6.3.1 试料性质

鉴于半工业试验所需试料较多，决定使用汤丹氧化铜矿上部中段与露天采场矿石及地表的群采矿石作试验用试料。这是一种更高氧化率、更高结合率的氧化铜矿石，其处理难度较以往试验用正式试料还大，但铜品位较高，其余性质基本上与正式试料保持一致。矿石试料的化学分析结果列于表6-15，铜物相分析结果列于表6-16。

表6-15 100t/d 半工业试验所用矿石化学分析结果

原矿成分	Cu	S	CaO	MgO	SiO$_2$	Fe$_2$O$_3$	Al$_2$O$_3$	Ag
含量/%	1.34	0.14	16.62	9.57	33.72	3.79	4.12	11.17g/t

表6-16 矿石试料的铜物相分析结果

分项	全铜	总铜	氧化率	结合氧化铜	游离氧化铜	活性硫化铜	惰性硫化铜
含量/%	1.34	1.316	1.06	0.48	0.58	0.192	0.064
比例/%		100.0	80.55	36.47	44.07	14.59	4.86

表6-16 所列数据说明，供100t/d 半工业试验用的矿石，含铜品位、铜的结合率都比之前试验用矿石的高，结合氧化铜含量达到36%以上，而活性硫化铜的含量则比较低，矿石的难处理性是足够高的。如果水热硫化—温水浮选工艺加工处理这种矿石仍获得好的效果，更可证明该工艺对汤丹难选氧化铜矿石具有充分的有效性。

6.3.2 试验的工艺流程及主体设备

100t/d 半工业试验的工艺流程及主体设备与5t/d 中间扩大试验的基本相同，水热硫化主体设备仍是双端面机械密封的机械搅拌高压釜，只是为了增大矿浆换热所需面积及减少安装占地面积，将换热器设计成列管式换热器。水热硫化机械搅拌高压釜由北京化工学院设计，由长沙机械厂加工制作。试验中运行稳定，效果良好。

根据作者对 5t/d 扩大试验水热硫化机械搅拌高压釜的设计经验与认识,作者对未来更大规模的机械搅拌高压釜的设计有两点建议:一是鉴于机械搅拌高压釜双端面机械密封安装处,存在釜内热矿浆向外的一定热传导损失,建议新设计时应很好考虑减小这种热传导损失的技术措施。这不仅使此处的热损失降低,而且对保护机械密封零部件使之延长使用寿命有利。二是从机械密封处的安装检修方面出发,建议设计时应考虑能将整个机械搅拌部分可从釜内提出,放置在另外设置的检修平台上,便于拆卸和更换各零件及提高此处的检修质量。于是要全盘考虑装、卸、运输和检修的整体需要和实施。

6.3.3 100t/d 半工业试验结果[15]

对含铜品位 1.34%,氧化率 80.55%,结合率 36.47% 的汤丹氧化铜矿石,在磨细度 92.1% 小于 74μm(200 目),矿浆液固比 1:1,加入硫黄粉 10.5kg/t 及添加剂氨 2.66kg/t 的条件下经水热硫化处理,其浮选结果与云南省提出的"八五"攻关要求列于表 6-17。

表 6-17 水热硫化-浮选工艺 100t/d 半工业试验结果与云南省"八五"攻关要求

试 验 规 模	水热硫化主要条件		试验结果/%				浮选尾矿铜品位/%	氧化铜转化率/%
	温度/℃	时间/h	铜精矿品位	铜回收率	精矿Ag品位	Ag的回收率		
100t/d 半工业试验	163	2	22.26	81.22	135.09	61.0	0.277	84.38
云南省"八五"攻关要求	180	4	15~18	80~85				

可以看出,100t/d 水热硫化—温水浮选工艺的半工业试验中,经 163℃、2h 的水热硫化处理,铜的浮选结果已经达到云南省"八五"攻关的要求,矿石中银的回收率达到 61%,精矿含银达到 135g/t。如果水热硫化温度提高到 180℃,水热硫化时间延长至 4h,其氧化铜的转化率、铜的浮选回收率还可能会进一步提高。

100t/d 水热硫化—温水浮选获得铜精矿产品其化学分析结果见表 6-18,有关产物的铜物相分析结果见表 6-19。

表 6-18 100t/d 半工业试验浮选精矿的化学分析结果

元素或化合物	Cu	S	SiO$_2$	Fe$_2$O$_3$	Al$_2$O$_3$	MgO	CaO	Zn	Pb	As	Ag
含量/%	22.18	13.23	12.22	10.57	3.24	5.12	9.76	1.04	6.0	0.4	135.09g/t

表 6-19 原矿石、经水热硫化的矿石及浮选产物的铜物相分析结果 （%）

类别	全铜	总铜	结合氧化铜		游离氧化铜		活性硫化铜		惰性硫化铜		氧化铜	
			含量	百分率	含量	百分率	含量	百分率	含量	百分率	含量	氧化率
原矿石	1.34	1.32	0.48	36.47	0.58	44.07	0.192	14.59	0.064	4.86	1.06	80.55
经水热硫化的矿石	1.32	1.25	0.157	12.56	0.021	1.68	0.90	72.00	0.17	13.60	0.178	14.24
铜精矿	22.18	21.92	0.42	1.92	0.11	0.50	18.08	82.48	3.31	15.10	0.53	2.42
浮选尾矿	0.267	0.263	0.125	47.53	0.015	5.70	0.09	34.22	0.033	12.55	0.14	53.23

如果将此 100t/d 规模的试验厂用于生产[15]，处理含铜品位 1.27%的汤丹难选氧化铜矿石，以年工作日 300 天计算，年产精矿 308.6t，成本为 11958 元/t，以当年的市场价 19400 元/t 计，每吨精矿可获利 7442 元，年总产值为 598.7 万元，年获销售利润 176.5 万元。如果处理矿石的含铜品位为 1.35%，年获销售利润为 189.9 万元。

100t/d 规模的半工业扩大试验获得了新的进展，在水热硫化温度仅 163℃，硫化时间仅 2h 的条件下，获得了以往硫化温度 180℃，硫化时间 4h 相近的试验浮选结果。不足的是 100t/d 半工业扩大试验由于某些原因未进行其他试验条件的考察，否则，半工业扩大试验的指标定会有所提高。尽管如此，所获试验结果，足以证明水热硫化—温水浮选新工艺对汤丹难选氧化铜矿石具有良好的针对性与有效性，以及机械搅拌高压釜作水热硫化高压釜是正确的选择。

7 问题讨论——水热硫化过程的得与失

　　水热硫化是一新型的加压湿法冶金单元操作，还不为人们所熟悉，因此有的人望而生畏，这是一种很不必要的误会。实际上，水热硫化过程十分简单，它不像传统的加压湿法冶金的浸出过程那样复杂，它无需将要提取的有价元素浸出进入溶液，也不需要充入空气氧化其中的硫化铜矿物。它只需将常温常压下加入少量硫试剂的矿浆泵经换热器与加热器后进到水热硫化高压釜中，在规定的反应温度下以机械搅拌的混合状态流经此设备，即完成了水热硫化过程，使矿石中的氧化铜矿物与原生的硫化铜矿物实现了有利于浮选回收的物相转化，生成为具有高度浮游活性的人造硫化铜矿物。离开水热硫化高压釜中的热矿浆，在换热器中将大部分热量传递给新的冷矿浆后进到浮选回收工序。

　　水热硫化过程需要对矿浆进行加温加压，这是水热硫化过程中反应得以发生和持续进行的基本条件，人们所关心的可能是这一过程需要消耗多少蒸汽量，这些蒸汽量消耗又可换得怎样的技术经济效果。水热硫化过程中，通过冷热矿浆的热交换，可以使热量的 60% 左右得到回收利用，只有 40% 左右的热量（矿浆带去浮选工序的热量及水热硫化系统的热损）需要用新蒸汽来补充，其中有两方面需要予以满足，一是冷热矿浆的热交换器面积要足够，使去浮选工序的矿浆温度降到 60℃；二是水热硫化系统的设备、管线要进行良好的保温，使热损达到 15% 为好。实践证明，这是完全可以达到的。因为热损为 15% 时，所需新蒸汽量经理论计算每吨矿石只需 179kg（矿浆液固比 1：1），如热损增为 20%，所需新蒸汽量就要增至 203kg，因此，热损的大小对所需新蒸汽数量影响较大，热损再增大，所需蒸汽量也相应增加。

　　耗用这些热量来加热矿浆，可以使各种氧化铜矿中的各类铜矿物发生利于浮选回收的物相转化，生成浮游活性很高的人造硫化铜矿物，使矿石中的铜浮选回收率较汤丹氧化铜矿原矿的常规硫化浮选回收率提高 24 个百分点，精矿铜品位提高 10.97 个百分点，铜资源获得了充分的回收。同时，水热硫化后的浮选流程得以简化，只需二粗、一扫与一精的流程结构；浮选时间也大为缩短；浮选中只使用少量常用药剂，不用价格较贵的如咪唑、乙二胺磷酸盐等，也不用添加硫化钠。在使用的常规药剂中，丁基黄药用量降低了 65%，松油用量降低了 90%，六偏磷酸钠降低了 20% 以上；整个浮选操作稳定和易于进行，精矿的浓缩、脱水也非常顺利。但水热硫化过程中除了消耗加热蒸汽外，每吨矿石还需添加 3.66kg 的硫黄粉及 1kg 的添加剂（氨）。

　　水热硫化的得与失，最终将反应到资源的回收利用及经济效益上，无疑经过水热硫化过的氧化铜矿石，其中的铜资源都获得了较为充分的回收，这是国内外一切矿物加工中所追求的目标之一。资源是财富，这是一个简单而又本质的道理。资源的回收状况对加工工艺的经济效益有着密切的关系。经济效益的对比，只有在同一矿石品位及其他材料相同价格下才有可比性，因此，这部分的工作留给有条件的单位及专家去进行。不过根据有关单位提出的试验报告可作参考，东川矿务局科研所的报告称，水热硫化—温水浮选法处理汤丹氧化铜矿石时，含铜 0.75% 的矿石铜品位就可盈利；而当时北京有色冶金设计总院对用该法处理山西中条山含铜 0.5%~0.6% 的难选氧化铜矿石的估算，认为经济上也是合理的。

　　这里还须指出的是，水热硫化加热矿浆所需的蒸汽，并非一定要用锅炉烧煤来产生，周明德的《新型供热量装置——电加热的过热水作热源》的论文[16]提供了一条新的途径，使那些交通不便的边远地区或矿山附近缺乏燃煤的地区的铜资源开发成为了可能。

参 考 文 献

［1］中国冶金百科全书（有色金属冶金卷）．北京：冶金工业出版社，1988.

［2］戴永年．金属矿产品深加工．北京：冶金工业出版社，2008.

［3］有色金属工业分析丛书编辑委员会．矿石和工业产品化学物相分析．北京：冶金工业出版社，1992.

［4］蒋崇祐．难选氧化铜矿直接加热回转窑一步离析法的工业研究．有色金属（选矿部分），1980(5)：7.

［5］陈继斌．水热硫化法处理难选氧化铜矿．有色金属（选矿部分），1980(3)：11～14.

［6］邓彤．元素硫的歧化反应动力学研究．化工冶金，1982(4)：118.

［7］陈树椿．重要无机化学反应．上海：上海科学技术出版社，1966.

［8］中国科学院化工冶金研究所第四室．高钙镁氧化铜矿加压湿法冶金的研究．有色金属，1965(10)：6～11.

［9］陈继斌．矿浆粗细粒自分级浓密机的设计构想．第三届全国选矿学术会议论文集（第二分册），1982.

［10］陈继斌．铜氨溶液的喷雾蒸馏提铜．有色金属（选矿部分），1974(5)：8～14；(6)：48～53.

［11］陈继斌．加压氨浸—硫沉淀—浮选联合工艺处理难选氧化铜矿．有色金属（选矿部分），1977(11)：47～52；(12)：22，23～29.

［12］杨耀宗，等．处理难选氧化铜矿石新工艺——氨浸硫化沉淀浮选和水热硫化浮选法的研究．云南冶金，1989(1)：18～20，46.

［13］邓彤，陈家镛．International Journal of Mineral Processing，1990(28)：221～230.

［14］王家明．铜绿山氧化矿泥分选，矿泥采用酸浸—沉淀—载体浮选工艺流程的论述．全国第一届化学选矿会议论文，1981.

［15］金继祥．东川汤丹难选氧化铜矿石新工艺试验进展．云南冶金，1997，26(2)．

［16］周明德．新型供热装置——电加热的过热水作为热源．化学世界，1964(3)：139～140.

附　录

附录 1　一个尚未完成"水热硫化—温水浮选"的多产品开发方案

作者在东川矿务局中心试验所工作期间，东川生产的铜产品比较单一，除产出铜精矿出售外，别无其他铜产品供应市场。因此，人们盼望开发新的产品，实行多种经营，增加经济收益，扩大就业渠道，提振东川经济实力，同时也改善职工福利。作者认为东川铜资源丰富，开发新的产品如生产出电铜及铜盐产品应是主要的选择方向，将氧化铜精矿产品进行加工延伸是一种可行的途径，而以低品位的原矿石作原料去开发新产品，则不是最佳的技术思路，于是在 1980 年 11 月提出了一个新的技术方案：以汤丹矿选厂产出的氧化铜精矿为原料，用常温常压氨浸法浸出其中的易浸组分后，矿浆经液固分离，溶液铜经蒸馏，回收氨及二氧化碳，产出铜盐产品，也可将其中部分的铜盐产品酸溶后电积产出电铜产品。氨浸渣中未被浸出的氧化铜（主要是结合氧化铜）与硫化铜则用水热硫化后进行温水浮选，产出高品位、高质量的铜精矿予以出售。所拟工艺流程如附图 1 所示。

1980 年 12 月 26 日开始做试验，试料是用选矿室进行汤丹氧化铜矿半工业浮选试验时产出的氧化铜精矿，其精矿的铜物相分析结果见附表 1。

附表 1　汤丹氧化铜矿石浮选精矿的物相分析结果　　（%）

结合氧化铜		游离氧化铜		活性硫化铜		惰性硫化铜		总铜		氧化率
含量	分布率	含量	分布率	含量	分布率	含量	分布率	含量	分布率	
1.86	19.48	3.97	39.45	3.83	38.07	0.40	3.60	10.06	100.0	57.95

对氧化铜精矿分别进行了几个条件的常温常压氨浸考察，其结果列于附表 2。

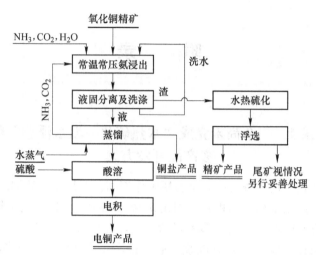

附图 1　氧化铜精矿常温常压氨浸浸渣水热硫化浮选提铜新工艺流程图

附表 2　氧化铜精矿常温常压氨浸试验结果

试验内容	固定的试验条件	变动条件	浸渣含铜/%	溶液含铜/g·L⁻¹	铜浸出率/%
液固比试验	$NH_3 + CO_2 = 98.6g/L + 63.8g/L$； 20~25℃；1.5h； 搅拌机 420r/min	L/S = 1.5 : 1	4.65	37.64	57.04
		L/S = 2 : 1	4.72	29.50	59.60
		L/S = 3 : 1	4.41	20.00	60.61
时间试验	$NH_3 + CO_2 = 98.6g/L + 63.8g/L$； 20~25℃；1.5h； 搅拌机 420r/min	1.0h	4.65	28.80	58.18
		1.5h	4.72	29.50	59.60
		2.0h	4.45	30.00	60.61
		3.0h	4.39	30.33	61.28
氨及二氧化碳浓度试验	L/S = 1.5 : 1； 1h；20~25℃；420r/min	$NH_3 + CO_2 =$ 68g/L + 44g/L	5.20	35.51	53.20
		$NH_3 + CO_2 =$ 85g/L + 55g/L	4.85	37.87	57.37
		$NH_3 + CO_2 =$ 102g/L + 66g/L	7.72	38.93	58.99

由于浸出液含铜浓度比较高，加上当时国内萃取剂的供应还不够

充足，价值比较昂贵，进口来供应也不够现实，因此仍考虑用蒸馏法来回收浸液中的铜。浸渣含铜中，结合氧化铜与惰性硫化铜都有富集，用常规浮选法处理难有好的效果，故采用水热硫化—浮选法来处理，这样不但可恢复精矿的含铜品位，预计还有可能大大超过原精矿的铜品位，精矿质量也可大为提高。为了最大限度降低最后尾矿中的含铜量，保证铜有最高的回收率及最好的经济效益，氨浸渣是否需要进行细磨后再进行水热硫化处理，需要在试验中进行考察来确定。

曾用常温常压氨浸出，制备了一定数量的浸渣准备进行下一步的水热硫化浮选试验，浸渣的物相分析结果列于附表3。

附表3 氧化铜精矿常温常压氨浸渣的物相分析结果   （%）

| 结合氧化铜 | | 游离氧化铜 | | 活性硫化铜 | | 惰性硫化铜 | | 浸渣总铜 | | 浸渣 |
含量	分布率	含量	分布率	含量	分布率	含量	分布率	含量	分布率	氧化率
2.40	40.68	0.46	8.75	2.16	41.06	0.50	9.51	5.20	100.00	55.00

制备浸渣时，采用常温常压的氨浸条件为：$NH_3 + CO_2 = 85g/L + 55g/L$；液固比2:1；常温下浸出1h，铜的浸出率为54%，浸液含 Cu^{2+} 32.2g/L，Ca^{2+} 0.032g/L，Mg^{2+} 0.062g/L，SO_4^{2-} 5.2g/L。为了减轻液固分离的负担，可将浸出条件调整为液固比1:1或1.5:1，而浸出时间可适当延至1.5h或2h。

从附表3的数据可知，氨浸渣中难处理组分（结合氧化铜与惰性硫化铜）与易处理组分（游离氧化铜与活性硫化铜）各占一半左右，为了使浮选尾矿中的铜降到最低，单用常规浮选法似难达目的，因此考虑用强势的水热硫化—温水浮选法来进行处理。

这一以氧化铜精矿为原料的提铜方案，除可延伸有关选厂的生产链外，还有生产过程中可以减轻液固分离的负担；入浸矿石的铜品位高，又可降低浸出时矿浆的液固比至1:1或1.5:1，同时液固分离时可以粗略进行，即使尾矿浆中残留有少量溶液铜，可在水热硫化中变成硫化铜沉淀而在浮选中获得回收，因此过程中没有铜的损失，浸渣经水热硫化后又可大大提高铜的回收率及铜的富集度。预计此工艺将有不错的技术经济效果。

遗憾的是，当年大型试验的任务紧急，而将此试验停顿了下来，直到作者 1983 年调离东川时也没再继续。如果这一试验得以成功并用于生产，将会减轻东川有关选厂的精矿脱水、干燥及外运，并在当地产出新的产品，促进东川当地就业和新的经济增长。笔者认为，即使现在这一技术方案，仍是东川拓展生产领域、增加产品品种可以选择的途径之一。不过，如果在现今继续这一技术思路做工作，溶液铜的回收也可考虑采用溶剂萃取技术了，因为萃取剂的供应情况及价格都起了变化，但如果还要生产出其他铜盐产品，加热蒸馏仍是需要保留的作业，只是蒸馏方式及设备也应有所改变了。

东川矿务局科研所早在 1986 年就进行了铜盐产品的试制与生产，并建立了规模为日处理矿石 30~35t 的铜盐生产厂运行了多年，采取向民间收购富矿作原料，用氨浸—液固分离—浸渣浮选的生产工艺，除浸出液用于生产铜盐产品，浸渣浮选还产出部分铜精矿出售，生产流程畅通，设备运行正常，经济效益也较好，但生产中使用了部分加压氨浸试验时留下的闲置设备及加压浸出工艺，浸渣浮选部分也没有新的技术措施，铜的总回收率仅为 69.4%，对铜资源的利用却不够充分，好在入浸的原矿铜品位比较高，一般在 4% 以上，生产的经济效益还比较好，如果生产中采用常温常压氨浸出，浸渣采用水热硫化后浮选，铜的回收率及精矿品位定可获得大幅度的提高，资源利用也比较充分，经济效益也许更好。

当有高品位的氧化铜矿石时（如矿石铜品位在 3% 以上），也可采用这里提出的常温常压氨浸，浸渣经水热硫化—温水浮选法处理。

以铜精矿为原料开发新产品，可延长现有选厂的生产链，进行产品的深加工，从而获得更好的经济收益。由于该工艺与矿山生产环节不发生直接联系，更易于实现工业化生产。由于精矿铜品位比原矿石品位高很多，生产过程中的规模可大大缩小，即使浸出后液固分离作业中有一定困难，也比较易解决。同时，由于工艺流程中有水热硫化作业，即使液固分离作业不很精细也不会造成铜的损失。

以铜精矿为原料进行多种产品开发，可以使原料的供应有保证，除汤丹矿选厂产出氧化铜精矿外，其他选矿厂产出的铜精矿中也会有一定量的易浸组分可供浸出，这就不必为原料供应发愁。同时，有的铜精矿含铜品位比较高，即使氨浸出一部分铜外，精矿铜品位仍在合格范围，对于这样的铜精矿原料，生产工艺中也不一定需要重新富集。

　　作者认为，这个以氧化铜精矿为原料，进行常压氨浸，渣水热硫化后的浮选富集提铜工艺，对东川矿务局来说仍具有现实意义，它的好处还需要人们通过实践做进一步的认识和丰富，愿有人去做这样的尝试。

附录 2　试验研究过程中发表的有关论文目录

在应用水热硫化—温水浮选法新工艺处理难选氧化铜矿的试验研究中，为了即时介绍研究成果，与同行进行经验交流，作者根据研究成果及心得体会，写成多篇论文，在当时冶金工业部、有色金属工业总公司及金属学会举办的学术会议与杂志上发表。这些论文是试验研究成果的组成部分，现根据论文写作或发表的时间先后顺序将目录列出来，以便读者查找和参考。

论文的目录如下：

[1] 陈继斌. 水热硫化法处理难选氧化铜矿. 有色金属（选矿部分），1980(3)：11~14.

[2] 陈继斌. 水热硫化法处理氧化铜矿泥的研究. 第一届全国化学选矿会议论文，1980.

[3] 陈继斌，等. 东川汤丹氧化铜矿石处理途径的探讨. 云南省金属学会第五届年会论文，1983.

[4] 陈继斌. 石菉氧化铜矿低铜高钙矿石处理的新途径. 冶金丛刊，1983(4)：16~18.

[5] 陈继斌. 铜绿山氧化铜铁矿水热硫化—温水浮选试验. 矿冶工程，1983(4)：33~35.

[6] 陈继斌. 水热硫化—温水浮选法处理难选氧化铜矿的试验. 有色金属（选矿部分），1984(4)：12~17.

[7] 陈继斌. 水热硫化—温水浮选法处理氧化铜矿机理初探. 有色金属（选矿部分），1985(1)：2~9.